シリーズ〈人間と建築〉 3

環境とデザイン

高橋鷹志
長澤　泰
西村伸也 編

朝倉書店

編集者

高橋鷹志 <small>たかはしたかし</small>	東京大学名誉教授
長澤　泰 <small>ながさわ やすし</small>	工学院大学建築学科・教授，東京大学名誉教授
西出和彦 <small>にしで かずひこ</small>	東京大学大学院工学系研究科建築学専攻・教授（1巻担当）
鈴木　毅 <small>すずき たけし</small>	大阪大学大学院工学研究科地球総合工学専攻・准教授（2巻担当）
西村伸也 <small>にしむらしんや</small>	新潟大学工学部建設学科建築学コース・教授（3巻担当）

3巻執筆者（執筆順）

横山俊祐 <small>よこやましゅんすけ</small>	大阪市立大学大学院工学研究科都市系専攻・教授
岩佐明彦 <small>いわさ あきひこ</small>	新潟大学工学部建設学科建築学コース・准教授
西村伸也 <small>にしむらしんや</small>	新潟大学工学部建設学科建築学コース・教授
山田哲弥 <small>やまだ てつや</small>	清水建設(株)技術研究所・主任研究員
鞆田　茂 <small>ともだ しげる</small>	鹿島建設(株)営業本部・営業統括部長
田中康裕 <small>たなかやすひろ</small>	大阪大学大学院工学研究科地球総合工学専攻・特任研究員
横山ゆりか <small>よこやま</small>	東京大学大学院総合文化研究科広域システム科学系・助教
和田浩一 <small>わだこういち</small>	職業能力開発総合大学校東京校建築系・教授

序にかえて

デザインということばと概念

　デザイン (design) は写生・図面などの意味をもつ describo というラテン語に由来する．さらに，見た目の写しだけでなく，ことばや音楽による現実の状態・情景を表現する描写の意味もあわせもっている．その後，人工物の生産・流通が広がった社会においては，消費者の注意を促すような物品・美術工芸品に関わる形態・色彩・模様などの特性を表す意匠・図案の意味をもつようになったのである．

　そうしたデザインの名詞の訳語に加え，動詞が付加されることになる．つまり，上記の種々の人工物をつくる過程における諸活動までを包含するようになったのである．今ではごく当り前のことであるが，人工物の計画・設計のことである．デザインとは，人工物を構想・具体化する過程と成果物としての風姿の意味とをあわせもつことになったのである．

　かかるデザインを担う専門家・デザイナーは独立した職能として人工物を巡る種々の分野で存在している．しかし「人間は家をつくる猿である」ということばどおり，古代まで，デザイナーの役割を含め，人々みなが建築の造り手であった．現代においては，住宅をはじめ各種建築が出来上がる過程は，企画，計画・設計，施工（建設工事），維持管理という手順で進められ，各段階でその仕事を担う専門家がいる．そこに至るには太古からの気の遠くなるような永い時間の経過を必要としたのである．

職人・請負業・建築家の誕生

　古代エジプトの墳墓出土品に石造職人の姿が描かれている．わが国でも奈良時代には仏教寺院をつくる寺工・瓦工がいたし，中世には番匠（地方出身で京都御所に勤めた大工），壁塗，石切，桧皮葺などの技術者が現れたが，実際の

建設工事を担ったのは農民達であった．さらに，江戸初期に幕府が作事奉行を長とする作事方を組織したことから，農村の二男，三男達も大工技術を身につけ，都市に出てきたという（建築業のおこり—江戸から明治へ—，菊岡倶也）[1]．

一方，西洋においてはローマ人のヴィトルヴィウスが紀元前1世紀に「建築書」を著してから建築ということばが広く使われ始めた．建築家（architet）はギリシャ語のarchitekton（archi-主たる＋-tektõn大工）に由来しており，「建築書」においては一般建築理論・土木・建築諸機械・力学・材料・構造・様式など広汎にわたって記述されており，構築理論書とでも呼ぶべき性格の書物である．同書ではさらに，建築家は文筆・描画・幾何学・歴史・哲学・音楽・医学・法律・天文学などの学術に通じていることが望ましいとされ，古代の建築家は単なる大工の頭を超えた知識的職業であった[2]．

このなかで後世の西洋建築の在り方を規定したのは，建築のもつべき役割として，「強（firmitus）・用（utilitus）・美（venustus）」の3つの原理が挙げられたことである．とくに最後の「美」はヴィトルヴィウスの建築美論として定着し，その後の建築・建築家は単なる構築物の設計者ではなく芸術作品を創造する芸術家として位置づけられることになったのである．

わが国で建築ということばが出現したのは江戸末期に発行された英和辞書[3]においてであり，専門用語として使われたのは帝国大学の造家学科が建築学科と改称された明治31（1898）年のことだった．これは当時，西洋留学で影響を受けた辰野金吾をはじめとする教官達の主導によるものであった．

それ以降，今日に至るまで完成した構築物の評価において芸術作品としての価値の有無が重要視され，現在でも学会や大学その他の教育機関において優れた建築・設計に与えられる賞には「作品賞」という名称がつけられていることは周知の事実である．

デザインの方法と主体の変容

「人間は家をつくる猿である」の延長線で，ある地域で定型化した住宅をはじめとする各種の建築型と，前項で述べた芸術作品としての個性的建築との並存状況に変化が訪れる．定型から離脱した，より質の高い建築への欲求が生ま

れる一方で，作家が暗黙裡につくり出す作品の隠れたプロセスを解き明かそうとする志向，デザインプロセスの科学的解明への動きが生じてきたのである．

　さらにはデザインプロセスのなかで立ち現れるスケッチや空間イメージの言語化とその分析によって，それまで秘伝として受け継がれてきた匠の技を共有できるようにとの願望が現実化したのである．もう1つの動きは，それまで受身の状態に置かれていた建築の使い手，住み手が抱いている意識的・無意識的な要求，欲求に光を当てることであった．それによって，建築家・設計者が自らの思考・意向を使用者に強要する立場から，使い手の欲求を代弁する役を担う立場へと移行する動きも生じたのである．こうした研究の一端が本書で紹介されている．

　こうしたデザイン過程の変化に対して，デザインの主体つまり担い手の決定方法にも変化が起きている．住宅など私的建築の場合，知合いの工務店・建築家あるいは自分の気に入った実例（身近な住宅や雑誌情報などから知ったもの）の設計者に頼むことも多いであろう．しかし，公共建築においては設計者選定の公平性を確保し，（過去にとらわれずに）より質の高い建築をつくる必要がある．そのために建築設計競技制度が一般化したのである．

　この制度では応募してきた提出物（建築図面・模型，仕様書等）によって審査が行われ，入選作品（ここでもこのことばが常用されている）は，竣工まで当初の提案どおりの内容を遵守することで仕事が進められ，勝手に設計変更などできない仕組みになっていた．しかし，現実には競技設計時には思い至らなかった条件や，時間経過で新しい必要条件が生ずることも多い．その欠点を補うために考案されたのがプロポーザル方式であった．これは当該建築の設計案ではなく，担当建築家を選定するものであり，世田谷美術館（1966年3月に開館）建設のときに導入された．世田谷区美術館建設委員会が設置され，複数の建築家（企業の場合は担当する個人）から美術館構想案（一般の建築図書ではなく，イメージスケッチや構想意図を文章化したもの）を提出してもらい，構想入選者を審査する方式であった．その建築家と前記委員会とが時間をかけて設計内容を議論し，最終案をまとめ完成に漕ぎ着けた．この事業の成功以降，プロポーザル方式は全国の公共建築建設に広がったのである．

参加と持続のデザイン

　世田谷美術館における新しい設計者選定方式は高く評価される．結果としては建築家 故 内井昭蔵氏の設計による建築作品として誕生したのであり，その評価は高いが，旧来の建築のつくり方を根本的に変えるものではなかった．

　一方，私達の地域に必要とされる建築は何かという大きな問いとともに，小さくとも「こうした場所」が欲しいという住民の声も存在する．そうした要求に対して賛否両論が起こることも事実である．とくに地域における住民の要求や，それと反対の意見，あるいは声なき声の発掘など，公共的な建築の在り方を巡って種々の問題が発生するのである．これまで比較的明確に区分されていた建築種別型─住宅・学校・医院・事務所・公民館など─の境界が近年曖昧になったこともデザインの方法を根底から揺るがしている．

　これまで建設の対象たる建築の関係者のみで行われていた計画組織の変革，より開かれた参加のプロセスが求められるようになった．たとえばある地域の集会所あるいは街中の小公園などの設置の話が持ち上った場合，その物理的環境が必要かどうかという議論を起点とし，行政，近隣・一般市民を含めての検討から始まり，企画が定まった段階での設計者の選定から当該建築の完成まで，当初の組織が一貫して関わるものである．これをワークショップと呼ぶことがあるが，状況に応じてのデザインプロセスへの参加の仕組みを模索することが一般化してきた．

　私が経験した1つの事例は，「新潟駅　駅舎・駅前広場計画提案競技（平成14（2002）年）」である．125点の応募を1次審査（これも公開された）で5点に絞り，その後，全提案公開展示，市民意見交換会を経て，最終審査に至る半年にわたる経過をたどった．最優秀賞の決定は，新潟市民文化会館（りゅーとぴあ・長谷川逸子設計）の能楽堂で市民が注目するなか，能舞台上で審査委員がテーブルを囲んで議論を重ね，会場からの意見の聴取を交え審査を終了したのであった．ちなみに当初の審査委員長は奇しくも内井昭蔵氏であったが，審査途上に逝去された（8月3日）．

　こうした試みはその後，全国的な展開をみせている．このプロセスを経て実際の建設工事が行われるのであるが，この段階においても場合によって新たな参加の状況が出現する．その一例は建築学科の学生が設計課題でまとめた構築

物の設計案を専門職人の手助けを得て自分達でつくりあげるものである．まさに「人間は家をつくる猿である」ことへの先祖返りの現れとでもいうべきか．

　次なる課題は，上記のように出現した構築物を時間の経過のなかでどのように持続させていくかということであろう．地球環境問題の上からも構築物の寿命を延ばすことは必須の課題であろう．時間のなかで変容していく過程を考えれば，すでに指摘したように，ある社会的機能に応じた建築種別・型との対応が崩れることになる．子どもの減少によって廃校になった校舎を老人福祉空間，コミュニティセンター，住居へと用途変更して再生（コンバージョン）する事例が増えてきたことがその証である．用途は変わらずとも補修しながら建築を持続させていくなど，修繕（リノベーション），改修（リフォーム）という構築物持続活動は緊急の課題である．

環境行動からみたデザイン

　これまで述べてきたように物理的構築環境をつくり，人々の生活・行動を支援するためにデザインがあることは，将来も変わりはないであろう．しかし，本シリーズの主要概念である環境行動研究の立場からすると，デザインにはもう1つの次元が存在するのである．それは「物理的環境をつくることなく」デザインが可能であることである．同じ物理的環境であっても行動や心理的状況の変化によって環境行動関係が変化する，つまりデザインが発生するのだ．たとえば住宅の個室で座る場所や寝る向きを変えることで新しい環境を感じたり，ダイニングキッチンに来客が上るとそこは客間へと変質したりするのである．学校教室においても一般授業時と給食時，文化祭の展示場など多様な場面に変身する．これこそ建築家・設計者なきデザインなのであり，すべての建築空間においてこうした自在な変身を可能とする適応性が求められる．

　そこで私は「強・用・美」を「強・用・自在」と読み変えたいのである．かかる環境行動に関わる学習あるいはカリキュラムが大学の専門教育では遅きに過ぎ，幼児教育から始めるべきと考えるが，読者の方は賛同して下さるであろうか．

2007年12月

髙橋鷹志

参 考 文 献

1) 大阪建設業協会編：建築もののはじめ考，新建築社（1973）
2) 井上充夫：建築美論の歩み，鹿島出版会（1991）
3) 堀　達之助編：英和對譯袖珍辭書，秀山社（初版：1862（文久2），複製版2刷：1988）

目　次

1. 人と環境に広がるデザイン
    1.1 住み手とともに考えるデザイン ･･････････････････････［横山俊祐］ 2
        a. 「住まいを選ぶ・買う」vs「住まいをつくる」 *2*
        b. 参加のフィールドとプロセス *3*
        c. 参加型計画のプロセスデザイン *12*
        d. 住み手参加の特性と意義 *15*
    1.2 被災地の環境デザイン･･････････････････････････････［岩佐明彦］ 25
        a. 仮設住宅団地の状況 *27*
        b. 団地内で共有される情報の差異 *28*
        c. 1年目の仮設カフェ *29*
        d. 仮設住宅団地内での人のつながり *33*
        e. 高密コミュニティの弊害と仮設カフェの果たしたもう1つの役割 *35*
        f. 2年目の仮設住宅団地 *35*
        g. 2年目の仮設カフェ *36*
        h. つながりを求めて仮設住宅を訪れる人々 *39*
        i. 3年目に向けて *39*
        j. 支援型調査の課題 *40*
    1.3 手づくりのまちづくり･･････････････････････････････［西村伸也］ 42
        a. まちづくりの始動とその特徴 *43*
        b. 雁木づくりの概要 *45*
        c. まちづくりを持続させる仕組み *50*
        d. まちづくり活動の効果と課題 *54*

2. 環境デザインを支える仕組み
　2.1 執務スペースの人間行動とデザイン……………………［山田哲弥］ 58
　　　a. 執務スペースデザインの現状　58
　　　b. 執務スペースにおける人間行動と領域　59
　　　c. フリーアドレスオフィスの人間行動と領域　67
　　　d. フリーアドレスオフィスのプログラミング　70
　　　e. 執務スペースデザインの課題　76
　2.2 環境の創造性を支えるマネジメント………［鞆田　茂・西村伸也］ 80
　　　a. 設計組織が設計チームをつくる　81
　　　b. 設計結果の質と個性を保つ　82
　　　c. 設計対象のもつ多様性　84
　　　d. 情報の伝達性と蓄積力とのバランス　85
　　　e. 意思決定の共有　86
　　　f. 設計組織のマネジメント事例　87
　2.3 コミュニティ・カフェによる暮らしのケア……………［田中康裕］ 95
　　　a. 「素人」によって開かれる喫茶スペース　95
　　　b. 3つのコミュニティ・カフェ　96
　　　c. 地域の人々にとってのコミュニティ・カフェの意味　101
　　　d. コミュニティ・カフェの運営を支える考え　108
　　　e. まとめ　117

3. デザイン方法の中の環境行動
　3.1 描図と環境デザイン ………………………………［横山ゆりか］ 124
　　　a. デザイン思考のプロセスを記述する試み　125
　　　b. 「デザイン思考はイマジネーションの表現か」を確かめる　128
　　　c. 手法について　128
　　　d. 建築家のデザインプロセスの実験観察　132
　　　e. 描図とデザイン思考　140
　　　f. まとめ　142
　3.2 空間との対話 ……………………………………［西村伸也・和田浩一］ 145

a．想像の中の空間で「視点」を見つける　*146*
　　　b．「視点」の意味とプロトコル分析の方法　*148*
　　　c．「視点」の発生を捉える　*151*
　　　d．空間の生成につながる「視点」の結合と分割　*152*
　　　e．設計と想像の中の空間で行われる環境行動　*155*
　　　f．「場面」の中の人の行動　*156*
　　　g．「場面」で想像される人の行動と空間生成　*158*
　　　h．空間群と曖昧な空間で想像される人の行動　*159*
　　　i．想像の中の「場面」からみた設計の進み方　*161*
　　　j．想像する空間における「場面」のつながり方　*164*

索　引……………………………………………………………………171

1

人と環境に広がるデザイン

1.1 住み手とともに考えるデザイン

a.「住まいを選ぶ・買う」vs「住まいをつくる」

　コンパクトシティに向けて都心居住が脚光を浴びる今日，その中心的な住宅形式としての集合住宅は，市場性・効率性・一般性を追求するあまり，様々な問題を露呈してきている．1つには，人間生活が社会的な関係性のなかで成立するにも関わらず，共同体的制約からの解放が優先されていることである．地縁関係が希薄化し，「個住」と呼ばれる閉鎖的で孤立した空間と生活が生み出されている．それは，近隣や地域に住むという視点の欠如を意味する．2つ目には，公共であれ，民間であれ，事業主体が計画・供給する集合住宅の多くが，いわゆるマスハウジングとして工業化による標準化・大量生産のシステムがとられていることである．団地・ニュータウン・再開発のいずれの場合にも大規模性に特徴がある．それに関連して3つ目には，本来，生活スタイルは個別的で多様であるにも関わらず，供給される住宅は画一的なnLDKプランである．結果的に住み手の個性的な生活スタイルが規定，阻害され，住まいに暮らしを合わせる事態に陥っている．4つ目には，住まいが「つくるもの」から，「選ぶもの」・「買うもの」へと変容してきたことである．住まいは消費の対象となり，商品として売れるための工夫と実際の生活スタイルとのズレ，使用価値よりも資産価値の重視，メンテナンスへの消極性など，住み手と住まいの間に距離感が生起するといった課題を抱えている．

　こうした住むことの本質的な意味の希薄化や人間疎外に向かいつつある現代の集合住宅の潮流に対して，住まいづくりを計画・建設・居住・維持管理を通したオープンエンドなものと捉え，その一連の過程に住み手が主体的，直接的に関わり，住まいを持続的に創造し，守り，育てていくことが問われている．なぜならば，住まいの本質は，シェルター機能や資産としての「モノの価値」だけではなく，住み手自身の意識や価値観が直接的に投影されることで結果される「自己実現」や生彩ある暮らしを触発する場といった「コトの価値」にもあるからである．コーポラティブハウジングに代表される「集合住宅づくりへ

の住み手参加」は，人間が自己の住む環境を具体的，直接的に「創造」する機会であり，物的・人的環境との間に有機的・動的・永続的な関係を構築する試みでもある．近隣関係や住まいづくりなど，集まって住むことのネガティブな側面（煩わしさ，負担感）と捉えられてきたものをポジティブなそれに転換することである．あわせて，マスハウジングを解体する可能性を秘めている．

b. 参加のフィールドとプロセス

今日，住まいづくりに参加のデザインが展開されるフィールドは，コーポラティブ住宅をはじめとして，集合住宅の再生（建替え，改善）・共同建替え・コレクティブハウス・高齢者居住施設（シルバーマンション・ケアハウスなど）など，多岐にわたり，関心の広がりがうかがわれる．

計画づくりへの住み手参加は，フィールドや目標の違いによって進め方が異なるが，ここでは参加の密度や強度が最も高いと考えられるコーポラティブ住宅，および近年，全国的に深刻な課題となっている老朽化した集合住宅の再生のうち，公営住宅の改修と建替えを取り上げ，計画の特徴と参加の方法を紹介する．

1) コーポラティブ住宅

集合住宅づくりにおける住み手参加の原点として位置づけられるのが，コーポラティブ住宅である．一般的には住宅需要者（ユーザー）が組合を結成し，コーディネーターや設計者などの支援を得ながら，共同して事業計画を定め，持家の共同建設を行うものをコーポラティブ住宅と呼ぶ．コーポラティブ方式は，自治体や公的セクターなどによる公的住宅供給や民間企業による営利的住宅供給とは異なり，非営利的住宅供給と位置づけられる．ユーザー集めから住宅建設までの一連の過程の進め方とそれを主導する主体の違いによって，①住宅需要者が自力で住み仲間を集め，用地取得，計画づくりを行う「ユーザー主導型」，②建築家やコンサルタント（近年ではNPOも多い）などの専門家がコーディネーターとなり，土地の手当てや住み手集め，計画進行を行う「企画者主導型」，③ディベロッパー（民間企業）などが行う「事業者主導型」に分類される．ユーザー主導型は，ユーザーの思いどおりに住宅がつくれ，費用

も実費で済むなどのメリットがある反面，プロセスマネジメントなどの手間や負担が大きい．そのため，近年では，ユーザー集めや用地の選定・取得をはじめ煩雑な計画過程を専門家・事業者が企画，主導し，住戸の自由設計や安心居住が強調される企画者主導型や事業者主導型が増加している．

● **計画プロセス（図1.1）**

初動期には，コーポラティブ住宅を希求する有志やコーディネーターを中心に（住宅建設準備組合が結成される場合もある），コーポラティブ住宅に関する基礎的な学習，住み仲間の募集，建設用地の候補選定，基本的な進め方の検討などの事前の準備活動が行われる．一定数（予定者数）の需要者が集まると，計画・建設の具体化に向けて実務的な活動を行う建設組合の結成と規約づくり，さらにはユーザー主導型の場合には事業計画を支援，調整，具体化する

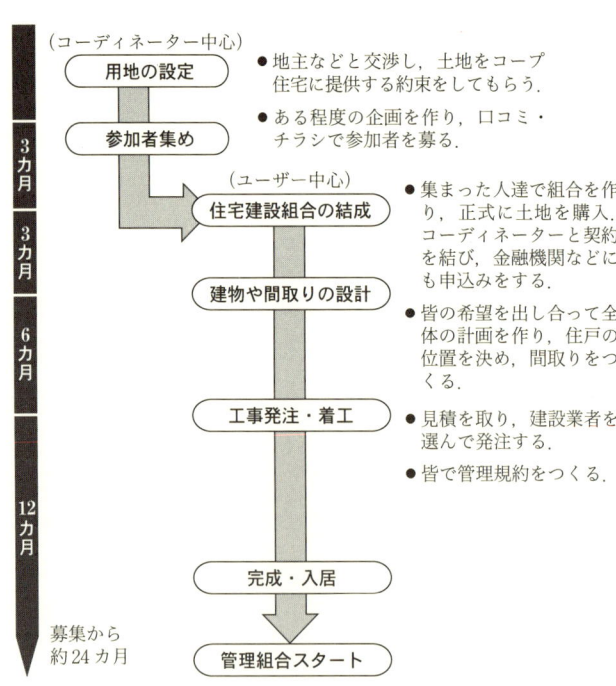

図1.1　コーポラティブハウジングの標準的な事業過程
(NPO全国コープ住宅推進協議会 提供)

コーディネーターや設計者の選定が行われるなど，体制が確立され，用地の選定・取得や計画づくりが本格化する．

　計画は，住み手による住要求の提示，設計者による計画案づくり，計画案に対する住み手の評価や新たな要求の提示といったサイクルを繰り返しながら進められる．一般的には住棟・共用空間などの全体計画から始められ，住棟計画が合意・決定した段階で，「陣取り」と呼ばれる各自の住戸位置の決定，調整が行われる．以後，各住み手が希望する生活スタイルや空間・予算などを反映しながら，住戸の面積や間取り，周囲との関係性などの個別設計が行われる（図1.2）．同時に具体的な利用イメージを想定しながら共用空間の計画も進められる．

2） 集合住宅の再生

　公共住宅は戦後の高度成長期に建設された大量の住宅ストックを抱え，たとえば老朽化した建物や設備の更新，居住水準に満たない狭小住戸の拡張，風呂・トイレ・台所などの設備水準の向上，居住者の高齢化に対応したバリアフリー化など，その再生が大きな課題となっている．再生は，既存の団地や住戸・住棟を対象とする点に特徴があり，既存住棟をつくり直す「建替え」と，既存住戸・住棟に改修を施す「改善」の2つの手法がある．既存の団地ストックを持続的に活用しながら改善することによって，ハード・ソフトの集住環境を活性化する取組みである．集合住宅の再生計画・事業には，「入居者の特定性」や「既存環境の参照性」など，新規建設とは異なる固有の初期条件が存在している．その特質を活かして，事業主体（行政）や計画者と住民が協働した計画づくりが可能となる．

　今後，大幅な増加が見込まれる民間分譲集合住宅の建替えの場合には，権利関係の調整や建替えに対する合意形成が必要となるが，同様に「参加のデザイン」が期待される．また，密集市街地の更新やコミュニティ住環境整備事業における共同建替えの場合も同様に，従前居住者を中心に土地や建物の権利関係を調整しながら，共同住宅づくりへの住民参加が行われる．

　ここでは，公共住宅の中でも最も住宅ストック数の多い公営住宅を取り上げ，再生における住民参加の必要性や具体的な方法を紹介する．

6　1．人と環境に広がるデザイン

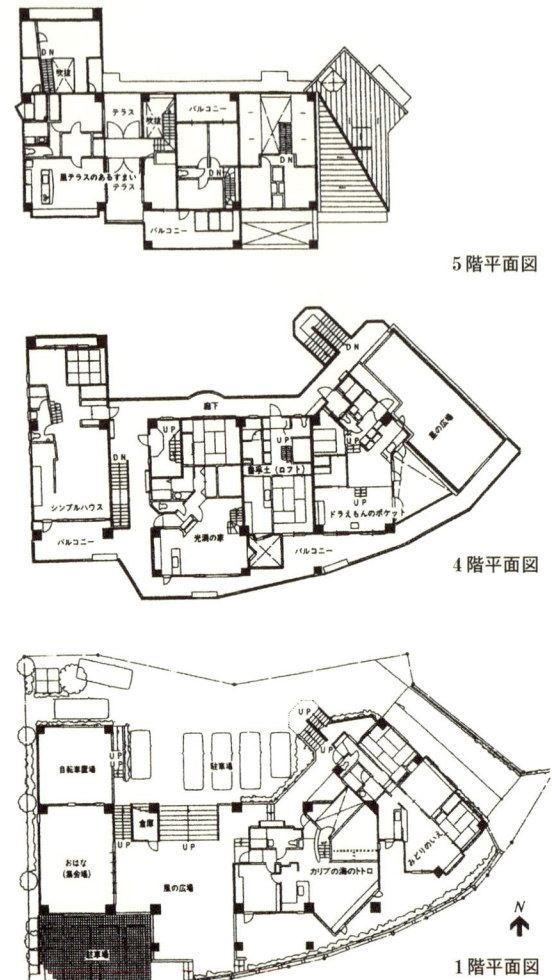

図1.2　コーポラティブ住宅の空間計画（Mポート）
・住み手の要望に合わせて，面積・間取りが自由に計画される．
・共用空間が多様に計画される．
・続きバルコニーによる住戸間の関係づくり．

●再生計画における住民参加の可能性と必要性
　再生計画における住民参加の可能性や必要性を検討するために，その特徴を新規計画と比較してみたい．

1つには，対象とする住み手の違いである．新規の場合には，不特定多数のもの言わぬ住み手（silent majority）が前提となる．そのために，専門家が潜在的・一般的な住要求を想定し，住み手の住要求を代弁することで合理的な計画を行う方法がとられる．一方，再生では，既存の団地を起点とするがゆえに実際にそこに居住している特定の住み手（noisy minority）が対象になる．silent majorityの特徴が，[仮想指定・マス性・操作の容易さ（受動性）]であるのに対し，noisy minorityは，[具体的実在・個別性・事業成否の要]といった違いがうかがわれる．

再生は，計画の眼前に住み手が実在することで事業主体と住み手とが直接的に関わり，住要求や計画に対する評価をやりとりしながら，計画づくりや合意形成を行う住民参加が可能であり，また必要でもある．そこには，計画者と使用者の分離といった新規建設における静態的な計画方法を越え，計画過程を計画者・行政と住み手が協働する動態的な「参加のデザイン」が開かれている．

2つ目には，計画が起点とする環境状態の違いである．更地に新しく計画される新規の場合には立地する場所の「しがらみ」から自由で，まさに白紙の環境から始められる．再生では，集住コミュニティや有機的な景観形成など，ハード・ソフトが織りなす環境文脈がすでに存在している．従前団地においてヒト・モノ・コトが生み出してきた生活・空間・社会的な環境に対する配慮と，その文脈を活かすような計画が求められる．なかでも，「環境移行」の視点が重要であり，従前の魅力ある環境構造の継承・発展と，潜在化・顕在化する問題の改善とが具体的な計画目標として設定される．そのために，生活の当事者で，団地環境の熟知者である住み手の有する知恵や情報は，再生計画の質的向上を果たす上で必要かつ有効なものとなる．

3つ目には，住み手の特定性と既存環境の参照性が，即人的・即地的な計画づくりに連なることである．新規事業では，公営住宅を拘束している公平性・平等性の原理が結果的に計画の画一化を招きがちであるのに対して，再生事業においては，普遍的・一義的な解の探求ではなく，唯一その場にしか成立しえない個別解が求められる．

住み手の特定性は，住民参加の可能性・必要性につながり，既存環境の参照は，住民参加の有効性を高めるものである．また，個別性の重視は，参加の可

能性や有用性が発揮される基盤となるものである．

● **改善計画における住民参加のプロセス**

　U市は，居住者の高齢化や低水準の設備に対応するために住戸・住棟の改善事業に取り組んでいる．具体的には，エレベーターの設置をはじめとする共用通路のバリアフリー化，水まわりの利便性の向上を図るために，2DKから1DKへの間取りの変更と水まわりの拡張，手すり・浴槽などの設備機器の高齢者対応への更新など，住戸・住棟の大幅な改変を伴う改善事業が行われている（図1.3）．なかでも住戸改善は，住み手の生活を激変させる可能性をはらむために，住み手が改善事業を理解・納得して合意形成を図ることが不可欠という判断から計画づくりにおける住民参加が積極的に展開されている．

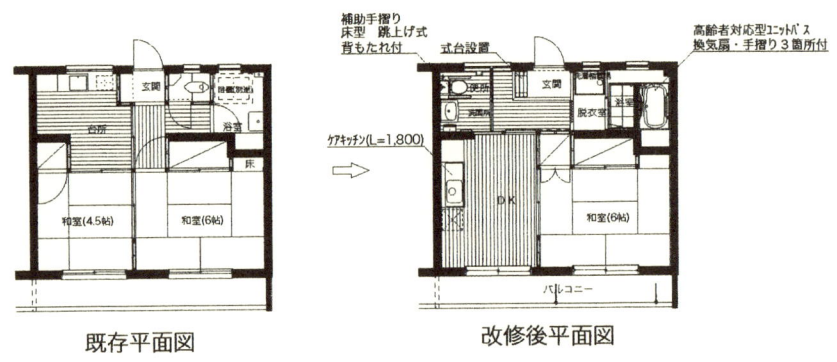

図1.3　住戸改善計画（U市H団地）

　計画には，事業者と計画者を兼ねた行政，入居者，大学の三者が関わっている．具体的な進め方は以下のとおりである（**表1.1**）．
① 大学が行った既存住戸の住み方調査や改善要望調査に基づいて，行政（計画者）が2つの住戸改善案を作成．その案をもとに入居者との話合いによって，間取りの変更や希望案の選定を行い，改善案を決定
② 入居者を対象にした実物を使っての実験とアンケート調査をもとに，手すりや便器，段差の高さ・仕様を決定（**図1.4**）．たとえば，高齢者仕様とされている便器が実際には高すぎると評価されるなど，常識を覆す判

表1.1 住戸改善計画のプロセス（U市H団地）

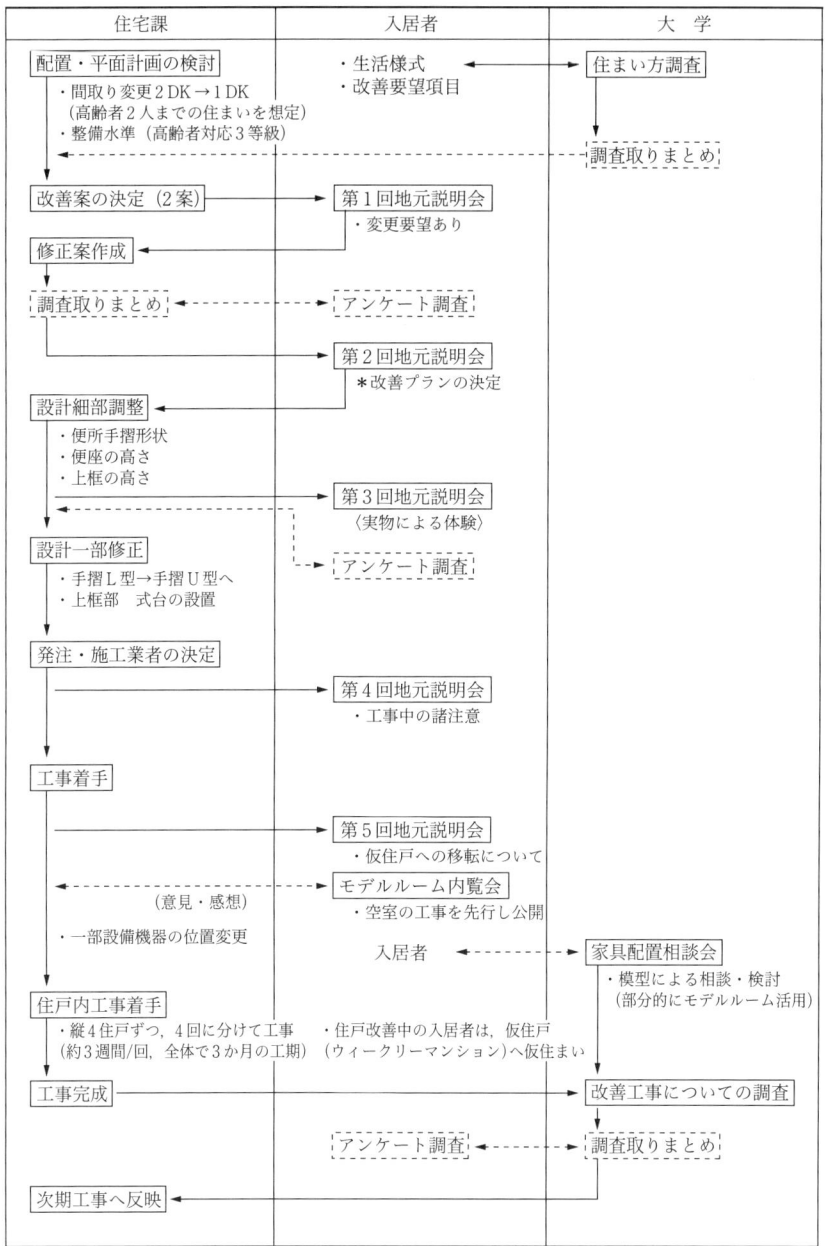

図1.4　実物実験による評価
最も確実に住み手の評価を得られる方法として，実物を使って，便器の高さや手すりの位置を決定する．

断がなされる
③ 住み手に向けて，工事の方法，工事中の安全確保や騒音などに関する説明会，仮住まいに関する説明会を開催
④ 空き住戸の改善工事を先行し，それを入居者が自由に見学できるモデルルームとすることで，改善後の住戸のつくられ方をあらかじめ実物で確認できるような工夫．モデルルームに対する住み手の評価に基づき，本工事の際に設備機器の位置を変更
⑤ 入居前に，改善後の住宅における家具の配置方法や住み方を検討する相談会を入居者と大学とで開催．従前の住まい方調査や模型を活用することで，入居者の理解を深める
⑥ 入居者によって改善住戸に対する評価（POE）が行われ，以降の住戸改善計画に反映

●**建替え計画における住民参加のプロセス**
　公営住宅の建替えに際してY市では，計画づくりに対する住民参加を推進したいとする行政の意向に基づき，戻り入居予定の住み手，計画者（大学・設計事務所），行政の三者により，計画の開始時点から一貫して住み手参加が実践されている．とくに，住み手との対話を基調にした肌理の細かい参加のプロ

セス，住み手の個性や環境形成能力に配慮した個別性と余地性のある空間計画，建替え後の住み手の主体的な環境やコミュニティづくりに特徴がある．

計画プロセスは，① 参加型計画の方針や進め方の確認，② 建替えに対する不安（家賃上昇・再入居資格・仮住まいの場所や負担・環境激変・新規入居者の転入によるコミュニティの再編など）や期待の把握と対策の検討，③ 住み方調査（戸別訪問）による従前の生活・環境の魅力と課題の把握，④ 先行建替え事例（RC積層型公営住宅）の見学，⑤ 住み手の住要求や家賃負担能力の提示等を経て，⑥ 住戸住棟・共用空間などの基本計画案（3案）の提示とそれに対する居住者の評価による配置計画の検討，⑦ 住戸配分（居住者による自住戸の場所決め），⑧ 個別の住戸計画の検討（家賃の負担力に応じた住戸面積，ライフスタイルや住要求に応じたプランニング），⑨ 外部共用空間や集会所の計画，という手順で進められ，そのすべてのフェーズで対話と協働による計画づくりが実践されている．在来の手法とは異なり，参加型の計画プロセスは住み手の多様な意識を触発するなど，多義性に満ちた方法である．

参加型プロセスでは，① 住み手グループによる濃密な参加と各主体間の親

表1.2 参加型計画づくりの進行に伴う住み手の意識の変容（Y市N団地）

計画当初の意識	計画途中の意識	建替え完了後の評価
【合意形成の便法としての参加】 ・私たちが賛成しないと建替えができなくなるから参加型でやるのではないかと思っていた．	【リアリティの実感・楽しみ】 ・他の人が「こうしてもらった」と聞くと，「じゃあ，うちももう一押ししてみようか」という気になった．だから結構楽しかった．	【建替えに対する満足感】 ・良い所に住めて，絶対ここから出ないぞという気持ちになる．
【参加に対する消極性】 ・最初は言いなりに「もうどうでもいいですよ」と思っていた． ・1人で住めるだけの住まいさえつくってもらえればいいと思っていた．	【可能性の確信】 ・いろいろ要望を聞かれるうちに欲がでた．	【希望の実現・満足】 ・要望を聞いてもらえたのは良かった．本当に良い所に入れたと思った．
【行政に対する不信感】 ・集会所の事を，役所と町内会だけで相談して建替えを通知してきたので，建替えに反対だった．役所には不信感があった． ・最初は半信半疑だった．	【期待感の高揚】 ・「どういう風にしたいですか，どのような住宅を望まれますか」と言われるにしたがって，「これは良い住宅ができるんだな」と思い始めた．	【住民・行政・設計者の一体感】 ・みんな意欲的で，市の人や設計者も本当に皆とよく話し合いをして，夜遅くでも来られていた．

密，かつ水平的な関係，②徹底的な対話を重視し，各主体が理解・納得するような参加手法，③話合いの雰囲気が和やかで楽遊性に満ちたものであること，④目的に応じて全体での話合いと個々の住み手との個別の話合いを織り交ぜる，⑤制度に縛られない，権限を振りかざさない行政の柔軟な姿勢等が重視されている．

そうしたプロセスを通じて，住み手の意識は，建替えに対する不安感や参加に対する消極性・懐疑から，期待感や能動的参加，信頼感へとドラスティックに変容している（**表1.2**）．と同時に，住み手が一方的に「要求」し，空間を「獲得」するという構図から，対等な関係での「協働」による空間の「創造」へと転換されている．

c. 参加型計画のプロセスデザイン
●**水平的関係—主体の相互浸透**

在来の計画では，住み手は事業の受け手，企画者（事業者）は事業施行の権限者・責任者，計画者は空間づくりの専門家といった固定的で明確な役割分担がみられる．計画づくりにおける，企画者・計画者の「主導性」，「占有性」と住み手の「受動性」，「客体性」の構図が措定されている．さらに，住民参加に対しては，住み手が一方的に住要求を提示し，住み手の言いなりになって計画がつくられるという偏った認識も依然として存在している．

参加型のプロセスでは，むしろ各主体の立場や経験・知識の違いを尊重し，対等性を基調とした水平的な関係が重要である．それをベースに，自由な対話を繰り返すことで各々の「生活知」，「制度知」，「計画知」の間で多様なカップリング・相互浸透が実現される（**図1.5**）．

住み手は，一方的な受け手ではなく，計画づくりの意思決定のプロセスに通時的・包括的に関わる．プラグマティックな生活知に基づく住要求や，従前団地や地域の空間的・社会的・生活的環境文脈に関する情報を具体的，直接的に提示して計画条件を描出する．さらに，計画プロセスにおける〈要望—計画提案—評価〉のサイクルを協働し，計画に対する多面的な評価や提案を行うことで計画の質を高めつつ，空間創造に深く関わる．

企画者（事業者）は，制度の専門家，事業の熟知者として制度を活用し，あ

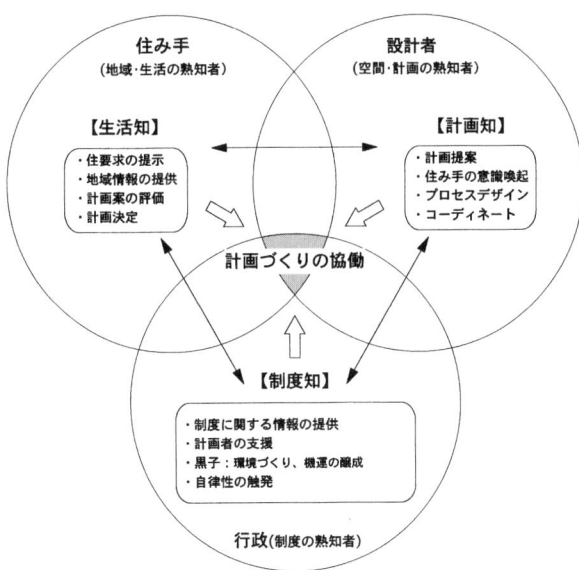

図 1.5 公共住宅再生計画における各主体の水平的関係と役割

るいは制度を越えて住み手や計画者に対処し，計画づくりを潤滑に進める．また，住み手と設計者の自由な対話，振舞いや提案を触発しつつ，各主体間の相互浸透的な関わりを創出する．全体の進行や計画プログラムの調整，制度・財政面からの実現可能性の確認など，参加型のプロセスを下支えする役割を担う．あわせて，計画づくりにおける住み手の主体性を喚起し続け，住み手を「本気」にするファシリテーターでもある．権限を振りかざすのではなく，各主体に分散・委譲することで住み手や計画者と協働するための素地をつくり，協働のパートナーへとその立場を転換している．

　設計者も固定的な与件に基づいて一意的に空間化・形態化を行う専門家，あるいは計画によって住み手を規定・教導する専門家といった枠組を越える．計画の考え方や方向性を伝えることで，住み手の自由な生活イメージを触発し，それを「計画知」によって整序化するコーディネーターであり，空間づくりの熟知者として計画提案につなげるプランナーである．

　在来の計画プロセスでは，行政や計画者等の専門家が意思決定の権限とそれに伴う責任を占有し，住み手はそこから疎外されるがゆえに，「住民エゴ」と

呼ばれる一方的で過剰な（実現不能な，無責任な）要求が専門家に対して出されるのは必然である．一方，参加型の計画では，主体間の相互浸透的な関係化と計画づくりに向けての協働がなされ，結果的に意思決定や責任が主体間に分散，共有される．それによって，他者への配慮や実現可能性が意識され，計画づくりにおける自律性が高まる．

●漂流型のプロセス—ヒト・モノ・コトづくり

参加型の計画づくりは，設計者からの一方的な押し付けでも，また住み手の「言いなり」になるものでもない．むしろ，望ましい集住環境を創造することに向けて，各主体が「生活知」と「専門知」を出し合い，「協働・納得」するプロセスである．それゆえに，計画内容や到達すべき目標（いわゆる，落としどころ），実現手段が予見的に明示・設定されるのではない．ほぼ白紙の状態からスタートし，住み手それぞれの価値や目標自体を創造的に発生させる仕組みである．参加のプロセスは，既定の計画目標に向けて直線的・効率的に進む予定調和型ではなく，様々な出来事や各主体の意識の変容，新たな価値の形成，計画の質的な転換や飛躍などを繰り返しながら徐々に像を結ぶ「漂流型」である．「漂流型」は，効率性よりも丹念さを重視し，計画過程で発現する各主体の多様な考えや思いを包摂するがゆえに，きめ細やかで多義的な計画がなされ，様々な意味の込められた場が生成される．

と同時に，在来の計画がモノづくりを先行させるクローズドシステムであるのに対し，参加のデザインでは，漂流を通じて，「ヒトづくり・コトづくり・モノづくり」のプロセスが同時並行し，相互的，相乗的な連鎖が生起することに特徴がある．すなわち，空間計画を通じて住み手の意識や価値形成をもなしえている．

●対話の重視—多様なコミュニケーションツール

参加においては各主体［企画者（事業者）・計画者・住み手］間の自由で直接的，かつ密度の濃いコミュニケーションが重要であり，その基盤は，主体間の徹底した「対話」である．と同時に，自由で多面的，かつ的確なコミュニケーションを実現するために，楽遊性・具体性に満ちた多様なツールが用意され

ている．住み方や改善要望を把握するための戸別調査，全体での話合いと個別の話合いの組合せ，便器や手すり，モデルルームなどの実物実験，先進事例の見学会，実際の敷地での計画案の検討会など，具体的で臨場感のある学習や評価，花見，飲食会等の楽遊活動，模型を活用した家具配置の個別相談会，実際の生活実践に基づく入居後評価等，目的に応じて最適な参加のスタイルが工夫されている．住み手は，それによって計画案や事業の進み方を理解でき，また楽しい雰囲気の中で自由に，気軽に意見を出しやすくなっている．さらに，具体物の活用や入居後評価は，住み手の評価の精度を高めることにもつながっている．

● 個別性の重視—個への働きかけ

　在来の計画が住み手をマスとして捉え，最大多数のための最適な環境づくりを重視するのに対して，参加のデザインは徹底的に個に着目し，個の差異性を前提に個への働きかけによる個の活性化を目指す．個性，ならびにその集積としての全体性や多様性を生かすことに向けて，個々の「思い」や「つぶやき」を丹念に汲み取るような対話と，それを起点とした「個別性」や「単独性」のある住戸計画を実現している．

d. 住み手参加の特性と意義

　組織化された住み手による企画，計画，建設，居住への協働の取組みは，集合住宅という物的な環境づくりと人間関係の形成や集住意識の喚起などの社会的・人的環境づくりを相互的，相乗的に進める．参加のデザインは，集住環境を構成する物的・人的な諸要素を包括的に創造する住まいづくりである．

1) 空間デザインの質的転換

　参加のデザインは，単に住み手の住要求に適合した合理的な空間創造というレベルを超えて，各主体の水平的・動態的な関係によって，科学的方法に依拠し住み手の住要求を客観的に代弁してきた在来の計画手法を乗り越える先進性や革新性をもたらす．

●即地・即人的な計画

　標準化された不特定多数の入居者を前提にする場合には，画一的な住戸・住棟が一方的に計画・供給される傾向にある．その結果，実際の入居者は空間という器に住み方を合わせる，あるいは与えられた住宅に住まわされているといった他律的な意識をもつなど，空間に生活が規定されがちである．参加型では，住み手の個性的なライフスタイルや住要求を計画に活かすといった「即人性」や，従前団地・地域の特性をふまえるなどの「即地性」を重視することに特徴がある．それによって，各々の家族構成やライフスタイルにきめ細かく対応した個性的な住戸計画（間取り・デザイン・仕様）や，集住コミュニティに

図1.6　住み手参加による公営住宅の建替え計画（Y市N団地）
・住み手の特定性を活用した住戸の個別設計．
・建具による間仕切りでフレキシビリティの高い計画．
・住戸まわりの隙間など，余地性のある計画．
・従前の関係を継承し，団地周辺に開かれた計画．

ふさわしい独自の良質な共用空間の計画がなされる（**図1.6**）．すなわち，環境の個別化と全体としての多様化が実現される．それは同時に，ひとりひとりの住み手に対して「他ならぬ自分のための計画」であるという意識を生起することで，計画参加に対する能動性や真摯さを喚起するとともに，実現された環境に対する住み手の満足感，さらには自分の住まいや自分達の団地といったアイデンティティを高めることにもつながる．

● 潤滑な環境移行

建替えや転居など生活拠点の移動による急激な環境の変化は，「環境移行」では危機的移行と定義されている．それに対して，環境移行の過程そのものに住み手が直接関わり，実践的に移行のデザインを行うことで，従前と従後が時間的・空間的に連結されるために，参加型の住まいづくりは環境移行の過程そのものと捉えられる．参加によって，移行後の環境を住み手自らが最適に計画することで従前生活からのドラスティックな変化を緩和しうること，さらには新たな環境・生活の予測可能性が高まることで，新しい環境やコミュニティ，集住生活に対する潤滑な適応が可能となる．

とくに，住み手の継続居住を前提とする再生の場合には，従前の生活歴を白紙に還元するような環境改変ではなく，その価値や魅力を積極的に継承する空間づくり（たとえば，住み手が工夫し尊重してきた住み方や住みこなしを生かすような住戸設計（**図1.7**），開放的な生活や気軽で親密な近所付合いを継承するよう内外空間に高い連接性のある住戸・住棟計画，住み手自らが育ててきた植栽を移植し活用するような外構計画，団地周辺地域との近隣関係を発展させるために周辺地域に開かれ，一体化された配置計画など）を行うことが可能となる．

● 弱い計画性

専門知を偏重した設計者主導による規定的・教導的な「強い計画性」を回避し，住み手の有する「生活知」を計画に反映することで，集住環境に対する住み手の自律的・偶発的な働きかけを触発し，受容するような「弱い計画性」が可能となる．たとえば，植栽や舗装で隅々まで覆い尽くすのではなく，住み手

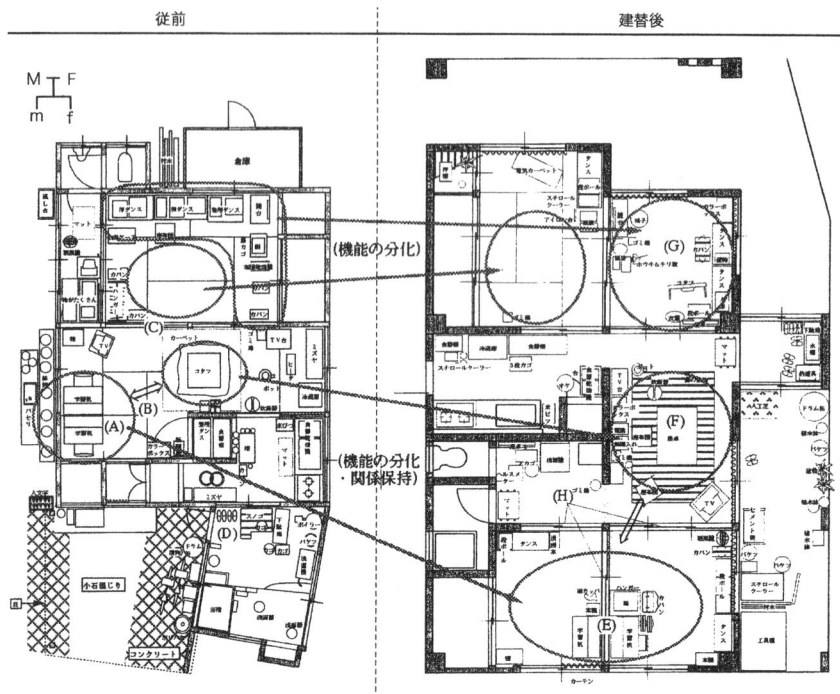

図 1.7 従前・建替え後の住み方の持続的変容（Y 市 N 団地 T 邸）
・団らんと子どもの勉強スペースの近接性の継承.
・1 室で行われていた勉強と団らんの分化・個室の獲得.
・夫婦就寝スペースと物置の混在から分化へ.

が菜園や植栽などを自由につくれるように土のままに残した外構計画（図 1.8）や，将来，集会所をつくるためのスペースをピロティとして確保しておくなどの「余地性」・「可変性」が，計画段階における住み手との契約・合意によって実現しうる．厳密性や不変性が重視される在来の「強い計画性」とそれが引き起こす「人間疎外」とに対峙して，柔軟性・曖昧性を帯びた「人間包摂」の空間が確信的・予定的に計画される．

それは，自分達にふさわしい環境は自分達でつくり出すといった住み手の意識を触発し，「弱い計画性」に基づく余地性や可変性のある空間と相まって，自律的に環境形成に向かう態度を醸成する．「弱い計画性」は，計画段階だけでなく，居住段階においても環境づくりがオープンエンドに継続し，その主体

図 1.8 余地空間を活用した菜園づくり
・土のままの外部空間を住み手が菜園に変えていく．
・周囲の住み手が菜園の世話をしながら，菜園のそばに住む高齢者を見守る という住み手独特の工夫．

が住み手に置換・委譲されるための下地となるものである．そのことはまた，居住段階における生活環境づくりを住み手個々の主体性・自律性に付託することで，個人の振舞いの自由度を高め，生活創造のための裁量を拡張することにもつながる．

● **デザインの柔軟性**

予定調和的な計画とは異なり，即人的・即地的・漂流的な計画では，住み手の価値観をきめ細やかに反映することで，思いもよらない偶発的・飛躍的な計画が局所的に発現する．住戸間で平面的・立体的に境界のやり取りを行うなど住戸計画の巧みな調整（**図 1.9**），続きバルコニーによる共・私領域の曖昧化（**図 1.10**），近所付合いの促進に向けて開放的な LDK に直接面する南側通路など，（一般解を追求する在来の計画手法では実現不能な）空間相互の関係性に関して新機軸を開くようなデザインが実現されている．それは，参加のプロセスを経て醸成される住み手同士の人的関係や自律性に裏付けられ，さらには住

20   1. 人と環境に広がるデザイン

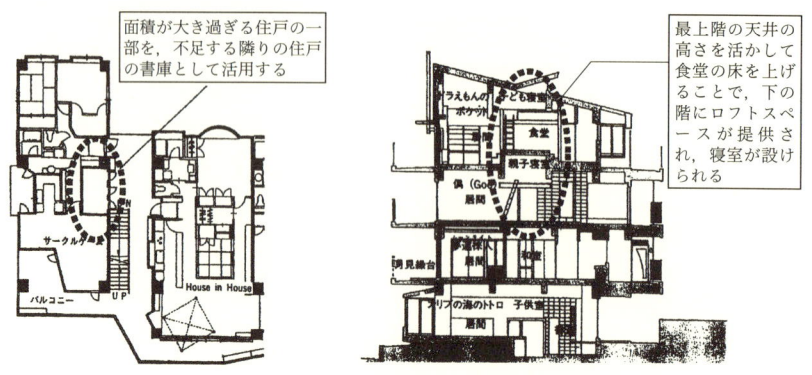

図1.9   住戸間のきめ細やかな調整

図1.10   続きバルコニー
従前の親密な付合いを継承するように勝手口同士をつなぐ．

み手と計画者の協働と納得のプロセスによって初めて実現できる個性的で柔軟なデザインである．相反する価値からの一義的な選択ではなく，両義性のある計画や巧みな調停に特徴がある．

2) 住み手の住意識の活性化

参加型計画は，住み手をマスとして捉え全体の中に個を埋没させるのではなく，住み手の個性や集合住宅ごとの特性などの個を基盤として，その積み上げや相互性によって全体を構築するという仕組みをとる．住み手ひとりひとりが当事者として計画づくりに濃密に関わること，およびその住要求が実体化・空間化されることによって，「自分（達）のための」の「身の丈にあった」環境

が得られたとの実感や，住み手自らが能動的・主体的に環境を創造しえたという達成感が得られる．そのような感覚は参加型に固有の特質であり，計画や実際の環境に対する満足感，あるいは愛着や馴染み，関心，アイデンティティなど，住み手と集住環境とが密接な関係を取り結ぶ「環境親和性」を高める．さらには，住み手が空間計画の出自や意味，目標を熟知していることも環境に対する認識を深め，「環境親和性」につながる．参加によって住み手の環境に対する意識は多様に触発される．

●領有感

住要求や地域の特性などを反映することで，身体的・感覚的に馴染みのある空間計画が達成され，「わが家」意識をはじめとして共用空間や集住環境全体に対して「自分達の場所（≠皆の場所)」という意識が深まる．それは，与えられた環境に対して，所有や占有せずともその活用可能性を自らのものとして積極的に生かし，維持管理しようとする「領有感」を高めることにつながる**(図 1.11)**．と同時に，領有感は共用空間や集住環境全体に対して「共用と専用」といった両義性を帯びており，利用の自由度や能動性を高めるとともに，「好き勝手にはできない」といった自律性を付帯する．

図 1.11 住み手による共用空間づくり
新規入居世帯の子どものために砂場を用意する．

●環境態度

参加型の計画づくりを通じて，住み手が個性豊かで良好な集住環境を実現しえた経験や自らにふさわしい環境を自らでつくり出しえた実感は，居住後により良き集住環境づくりに能動的・主体的に取り組む動機づけとなる．集住環境に対する深い認識，生活イメージの刷り込み，住み手の働きかけを触発・受容する「余地性」のある物的環境などが相まって，集住環境を全体関連的に知覚し，より良き環境づくりに能動的に関わろうとする「環境態度」が醸成される．「環境態度」には，生活と空間の対立の改善や調停を図ろうとするネガティブケイパビリティ（負の状況の改善・解消作用）だけでなく**（図1.12）**，生活と空間の整合・協調をテコにして，生活の質をいっそう高めようとするポジティブケイパビリティ（正の状況の増殖・発展作用）の両面がある**（図1.**

図1.12　ネガティブケイパビリティ：住み手による欄干の設置
・欄干がなく，エアコンが効きにくいという計画の問題点を住み手自ら改善する．
・障子に合わせた欄干のデザインを住み手が工夫し，問題を楽しみ，愛着に転換する．

図 1.13 ポジティブケイパビリティ：住み手の住要求が実現された場の活用
念願の稽古場を獲得し，団地の子ども達に華道・茶道を教えることで，団地コミュニティを活性化する．

13）．計画づくりにおける「生活知」と「専門知」の相互浸透により，生活価値と空間価値が相乗的に増殖することで，とくにポジティブケイパビリティが涵養され，集住環境の持続的な進化が期待される．

●再生計画・事業の潤滑化

公共住宅づくりにおける住民参加は，これまで一般的に，事業者（行政）にとって手間・時間・費用のかかる「厄介なもの」と捉えられていた．しかしながら，再生計画への住民参加によって，事業者（行政）と住み手の間の相互理解が促進され，住み手の十分な納得と合意が得られるために，むしろ，計画・事業を円滑に効率的に進めることができるという捉え方が広がってきている．加えて，住み手の個別の住要求に対応することが，結果的に合理的な計画・事業づくりを可能とするという評価がなされるようになり，住民参加に対する行政の理解や積極的な取組みがみられる．住民参加は，行政による事業をルーティンワークとして効率的に進めるための道具でも手続きでもない．住み手の生活を活性化することや再生の主体を行政から住み手へと置換することに向けての有効な方法として住民参加を位置づけて，事業に取り組むことによって，はじめて事業の効率化・合理化が図られるのである．

住民参加には，制度に裏付けられた事業としての団地再生を，住み手主体に

よる自律的で持続的な集住環境づくりに転換することが求められる．換言すれば，住民参加による団地再生は，「住み手の・住み手による・住み手のための集住体づくり」といえよう．　　　　　　　　　　　　　　　　　［横山俊祐］

参 考 文 献

1)　延藤安弘，熊本大学延藤研究室：これからの集合住宅づくり，晶文社（1995）
2)　松村秀一：団地再生，彰国社（2001）
3)　本間博文，初見　学：住計画論，放送大学教育振興会（2002）
4)　ニック・ウェイツ，チャールズ・ネヴィット（塩崎賢明訳）：コミュニティ・アーキテクチュア，都市文化社（1992）
5)　本間博文，小林秀樹，藤本信義：新訂 生活科学 II 住民主体の居住環境整備，放送大学教育振興会（2006）

1.2　被災地の環境デザイン
―オープンカフェによる応急仮設住宅支援の試み

　2004年に新潟県中越を襲った2つの災害（7.13水害，中越地震）はそこに住む人々に甚大な被害を与え，建設された応急仮設住宅は71か所3860戸にのぼる（**表1.3，図1.14，1.15**）．

　仮設住宅は被災した家屋を新しく建て替えるまでの間，雨露をしのぐためだけの"つなぎ"の家ではない．災害による環境の急激な変化は身体的，精神的に非常に大きな負担を強いるものである．災害からの避難や家財道具の引っ越しなどといった身体的な疲労もさることながら，思い出の刻まれた住み慣れた住まいや，長い年月をかけて築き上げてきたコミュニティの喪失など，その心

表1.3　7.13水害・中越地震の被害概要

【7.13水害】
災害発生日時：2004年7月13日
人的被害

死者（人）	15	重症（人）	2	軽症（人）	1	合計18人

住家被害

全壊(流出含む)		半　壊		一部損壊		床上浸水		床下浸水	
棟数	世帯	棟数	世帯	棟数	世帯	棟数	世帯	棟数	世帯
70	68	5354	5437	94	94	2178	2222	6117	6176

仮設住宅設置状況：3団地400戸．

【中越地震】
災害発生日時：2004年10月23日
人的被害

死者（人）	51	重症（人）	635	軽症（人）	4160	合計4846人

住家被害

全　壊		大規模半壊		半　壊		一部損壊	
棟数	世帯	棟数	世帯	棟数	世帯	棟数	世帯
3185	3138	2159	2147	11566	11867	103500	111909

仮設住宅設置状況：63団地3460戸．

26   1. 人と環境に広がるデザイン

図 1.14　建設された応急仮設住宅

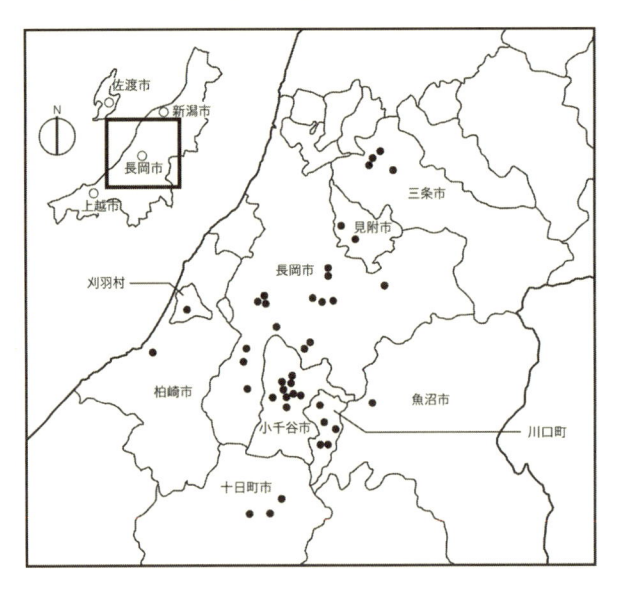

図 1.15　水害および震災で建設された仮設住宅団地（住戸数 20 以上）

理的な影響は計りしれない．仮設住宅は，突然住戸を失うという危機的環境移行に直面した被災者が，今後の良好な居住環境へとステップアップするために生活を快復していく重要な場であり，暫定的な居住とはいえ，その居住環境を軽視することはできない．牧[1]は「復興の過渡期的段階として応急仮設住宅を

位置付け，住宅を失った人々が以前住んでいた敷地に応急仮設住宅を供給し，そこで本格的な復興までの期間を過ごすことを考えるべきである.」と仮設住宅が被災から復興というライフステージにおける生活の拠点であることを述べている．

　この研究の目的は，7.13 水害，中越地震の応急仮設住宅の居住環境を，(1) 居住者による住みこなし，(2) 居住者によって形成されているコミュニティの2 点から明らかにすることであるが，大きな特徴はその調査と並行して居住環境改善の支援を行う点にある．建築計画の研究者が居住環境の調査を行うのは，そこで得られた知見を将来何らかの形でフィードバックしていくことが前提となっている．しかし，被災地調査のフィードバックは「次回への教訓」になりがちで，そこでの調査が居住者が現在直面している問題の解決には至らない場合も多い．被災地のフィールドでは「将来，役に立つ」だけでなく「今，役に立つ」を前提にしながら「今後の役に立つ」知見を得ることが必要であると考えている．

　このような目的の下，この研究調査では，新潟大学，長岡造形大学，東京理科大学，昭和女子短期大学の学生とともに，2 年間にわたり「仮設 de 仮設カフェ」というプロジェクトを行った．これは仮設住宅地内で手作りのオープンカフェを運営しながら，仮設住宅の居住環境調査を行い，状況に応じた支援を行うものである．プロジェクトはまだ途上であるが，今まで我々が行ってきた試行錯誤を紹介したい．

a. 仮設住宅団地の状況

　応急仮設住宅の全体の概要を把握するために，新潟県中越地域に建設された仮設住宅団地のうち，住戸数が 20 以上の団地全 44 か所で目視調査を行った (**図 1.15**)．実際に現地を回って，一番驚いたのは，わずか半年の居住で生じた仮設住宅団地ごとの印象の大きな違いである．居住者がそれぞれ工夫を凝らし，それが住棟間の街路にまで滲みだしてきている仮設住宅団地がある一方で，入居当時の殺風景なままの仮設住宅団地もあった (**図 1.16**)．

　中越震災の仮設住宅は寒冷多雪地域であることに配慮し，玄関まわり部分には，木枠にポリカーボネイドの波板を貼り付けた風除けパネルが設置されてい

図1.16 入居半年後の仮設住宅

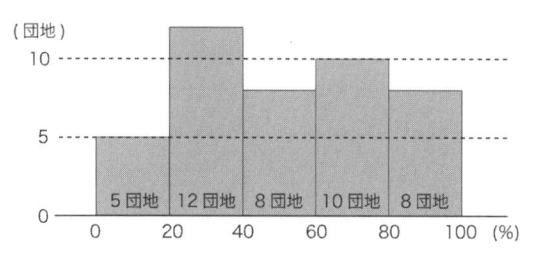

図1.17 仮設住宅風除室の改造率（団地ごと）

る．居住者はこれに囲いや戸を取り付けて玄関前の風除室にしたり，さらに拡大して物置を増築している．仮設住宅団地ごとで風除室の改造率を比較すると，80%を越える住戸で改造が行われている住宅団地がある一方で，20%を下回る住宅団地もあり（図1.17），その改造の程度や手法には団地ごとで大きな違いがあった（図1.18）．また，表出物による住宅表面の被覆率を比較しても団地ごとに大きな差が見られるのがわかる（図1.19）．こうした居住者による居住環境への働きかけの違いが，仮設住宅地の印象を半年で大きく変えてきていることは想像に難くない．

b. 団地内で共有される情報の差異

仮設住宅の団地ごとでの居住者属性には大差はなく，提供されている仮設住宅の形状もほぼ同じである．居住者による環境への働きかけの有無にこれほど

図 1.18 風除室の様々な改造方法

の差が生まれるのはなぜだろうか．その原因の1つとして考えられるのが，仮設団地内で共有される情報の違いである．図 1.20 は，風除け室の増築方法が同じものをプロットしたものである．積極的に仮設住宅に手を加える居住者がいる団地では，その人に触発されるように，隣近所でも似たような改造が行われている．後述するインタビューでも，近所同士で改造のやり方を教え合ったり，工務店を紹介したりしている例が多く見られた．一方，居住者による改造がまったく見られない住宅団地では，退去時の「原状回復」という言葉を厳密に受け取り，釘1本打つことも躊躇している居住者もいた（実際は市に届ければ，玄関まわりを改造することも可能であったし，居住環境を改善するために居住者が行う若干の工夫は，まったく問題にされていない）．

c. 1年目の仮設カフェ—情報の橋渡し

以上の調査結果を踏まえ，我々は仮設住宅団地の居住者同士，または仮設住

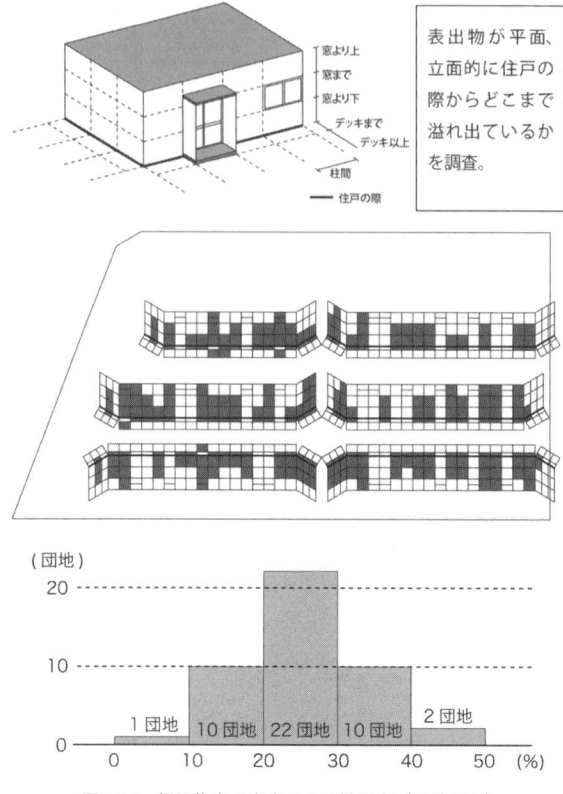

30   1. 人と環境に広がるデザイン

表出物が平面、立面的に住戸の際からどこまで溢れ出ているかを調査。

図 1.19 仮設住宅の表出による被覆率（団地ごと）

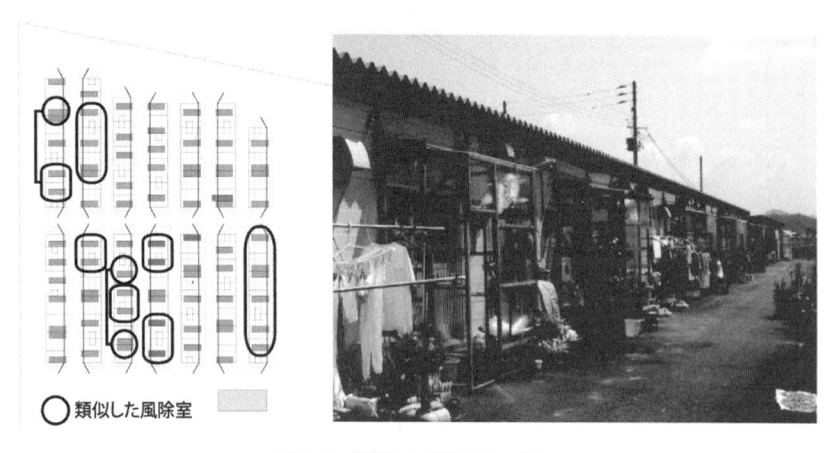

図 1.20 類似した改造手法の分布

宅団地間の情報の橋渡しとなる仕組みをつくれないかと考え，仮設団地を巡り，それぞれが独自でストックしている情報を広く流通させていくキャラバン隊のようなものを企画した．それが「仮設 de 仮設カフェ」である（図 1.21）．

カフェは入れ子状に収納できる木製の箱と，農業用ビニルテントの骨組みを転用した日除けテントからなり，普通自動車数台，もしくはライトバン 1 台で現地に持ち込み可能で，到着から 1 時間足らずでオープンできる（図 1.22）．さながら，仮設住宅地の空き地に突然出現する小さなテント村である．什器をすべて持ち込みで行ったのは，仮設住宅地に負担をかけないためである．カフェはセルフサービスで，コーヒーの他，テントいっぱいにディスプレイされた様々なティーバックから好きなお茶を選んで飲むことができ，それぞれが思い思いに時間を過ごすことができるようにした．

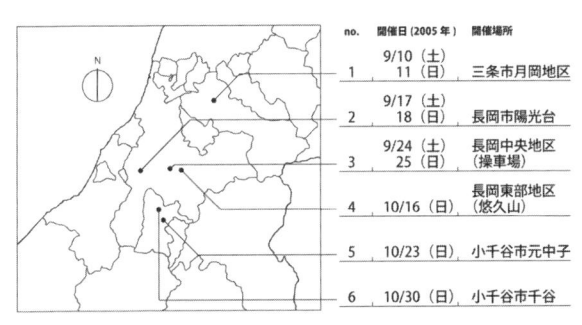

図 1.21　仮設カフェ実施概要（1 年目，2005 年）

32　1.　人と環境に広がるデザイン

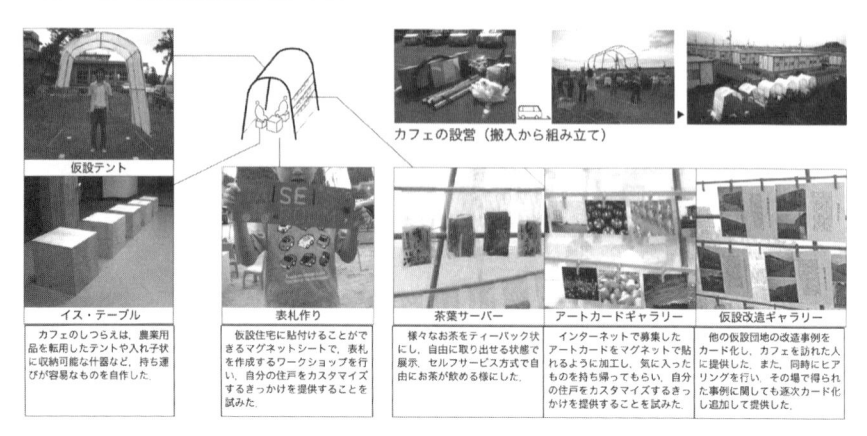

図 1.22　仮設カフェのセット

　仮設住宅改造に関する情報を流通させる仕掛けとして準備したのは「仮設改造ギャラリー」である．調査で収集した仮設住宅改造に関するノウハウをカード化し，テント内に展示した．単に展示するだけでなく，見に来た居住者にフリーインタビューを行い，他に知っている改造ノウハウや住みこなしていく上での問題点を探った．また，得られた新しい改造ノウハウをカード化して新たに展示に加えたほか，他の居住者へのインタビューを通して問題点の解決策を探った．さらにカフェでは「仮設改造ギャラリー」と並行して，居住者が自身で居住環境を工夫していくきっかけを作ることを狙いとした「表札づくり」・「アートカードギャラリー」を提供した．

　ここで試みられた調査手法は調査協力者から情報を引き出しながら，それと並行して新たな情報の提供を行うもので，「情報交流型調査」とでもいうべきものである（**図 1.23**）．調査では「仮設カフェ」がきっかけで，自らも独創的な改造をしているという居住者や，施工を請け負った大工と知り合い，改造時期，改造方法，値段などを中心に後日ヒアリングを行い，仮設住宅住みこなしに関する情報を蓄積するなどした．また，それら得られた事例から被災住宅の廃材を利用していることや，大工の施工を参考にしたノウハウが流通していることが明らかになり，それらをカード化して仮設改造フォトギャラリーに展示した．このように，カフェを進めていくうちに雪だるま式に情報が蓄積され，新しい循環を生むことができた．また仮設住宅を退去する際には原状回復が原

隣のマネをすること

隣のお宅が先に囲った場合、とりあえずマネをしてみよう。一から自分で考えるよりは絶対早く作ることが出来る。できてもただ単にマネをするのではなく、できた隣のお宅に作る時のモコウすればいい点、悪い点を聞き出そう。そうすれば、自分がどういうところをマネすればよいかが分かってくる。全てをマネするのではなく、自分の必要なところをマネしよう。

廃材を使うこと

被災して家屋が倒壊した場合、その家の歴史は何らかの形で引き継ぎたい。戸・柱・梁材を使おう。家は壊れたけど、戸はまだ生きているなら戸をはめ込もう。また同じ玄関をくぐることが出来る。木材も廃材を使えば、囲いを作る時にかなりお金を節約できる。改造するならば、一度、元の家に行ってみよう。

カード化

住みこなしに関する情報

調査した改造情報

仮設改造ギャラリーのインタビューによって改造情報が蓄積

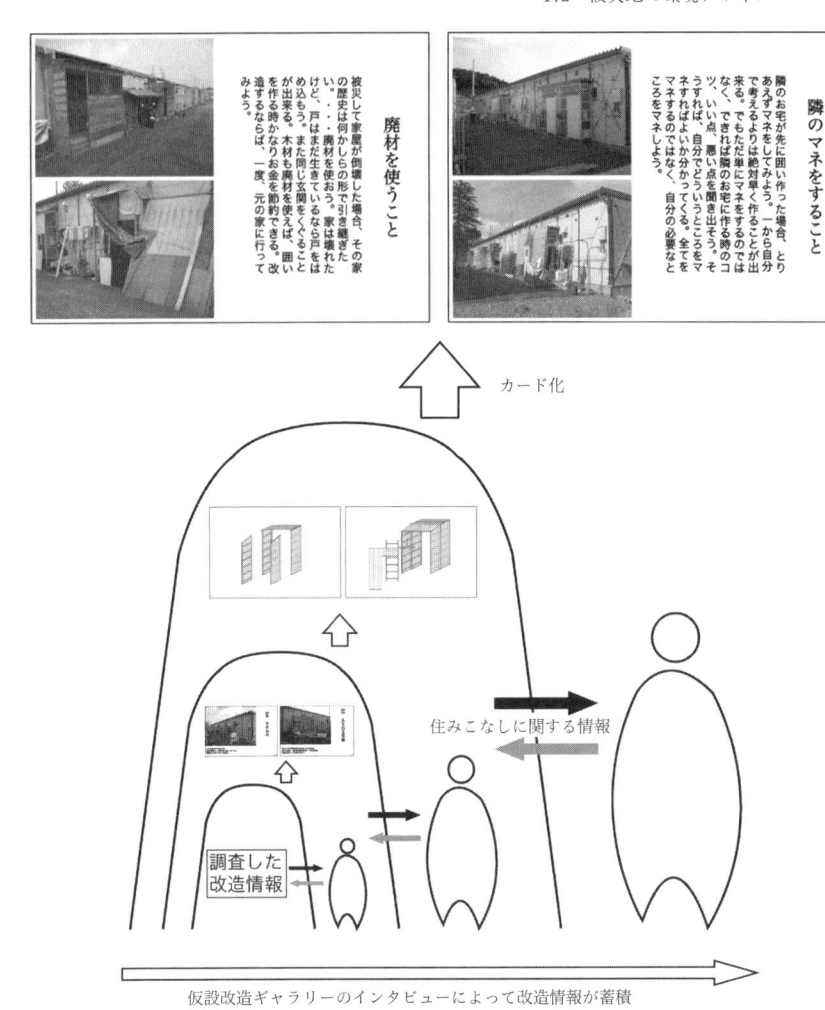

図 1.23　情報交流型調査概念図

則として定められているため，改造部分の原状回復方法や改造に用いた部材のリサイクル方法などが，今後居住者が望む情報であることがわかった．

d. 仮設住宅団地内での人のつながり

「仮設 de 仮設カフェ」には，多数の居住者が訪れ大盛況となった．また，

カフェを訪れた人へのインタビューを通して，仮設住宅地の中での人のつながりなど，一見わかりにくい居住環境の詳細についても明らかになった．

　阪神大震災の際に，2年間で120名もの孤独死を生んだことを教訓として，中越地震の仮設住宅の設置にあたっては，人のつながりを重視した計画がなされている．仮設住宅地は元々の集落の近くが用地として選定され，集落単位で入居する方式が採用されている．全村避難となった旧山古志村の仮設住宅地に関しても，住戸をあてがう際に，元々の集落ごとに集めるようにしている．また，50戸以上の住戸を有する団地には集会所が設置され，10戸以上の住戸を有する団地にも談話室が併設されている．

　こうした人のつながりの重視は一定の成果をあげている．長岡市の千歳仮設団地では，駐車場と広場を挟んで，集落ごとに入居している団地（南地区）と，バラバラに入居している団地（北地区）があるが，その風除室増築率は，南地区が北地区の倍以上であり，元々顔なじみだった南地区の方が，人の交流を介して多くの改造に関する情報が流通した可能性が指摘できる（図1.24）．インタビューでも，元々の隣近所が仮設住宅でも親しくつきあっており，地縁を生かしたコミュニティが継続していることがわかった．集会所では，コンサートなど，ボランティアや各種団体が企画したイベントが数多く行われ，「イベントが知り合うきっかけになった」など，集会所で行われるイベントは新しい人のつながりが生まれるきっかけとなっている．

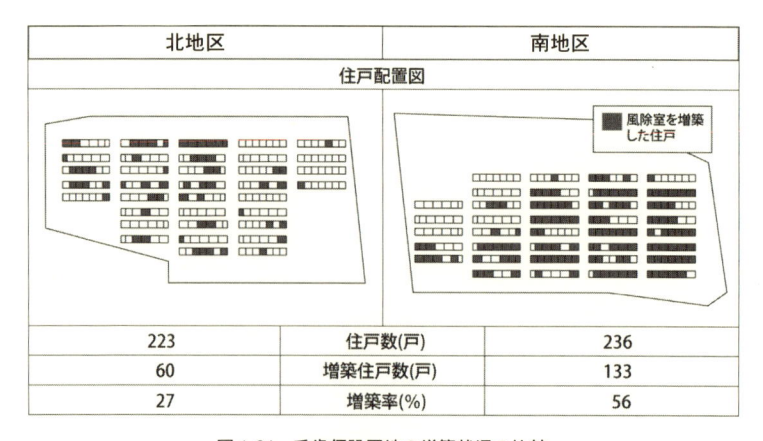

北地区		南地区
住戸配置図		
223	住戸数(戸)	236
60	増築住戸数(戸)	133
27	増築率(%)	56

図1.24　千歳仮設団地の増築状況の比較

e. 高密コミュニティの弊害と仮設カフェの果たしたもう1つの役割

このように，集落単位の入居や，集会室（とそこでのイベント）を活用した居住者同士のつながりの確保は，仮設住宅入居初期の居住者の孤立を防ぐことが最優先の段階ではきわめて有効であったと推測される．しかし，こうした密度の高い人のつながりを生み出すことができた一方で，インタビューではその弊害も垣間見えた．

1つが排他的な側面である．人のつながりがコンパクトなエリアでまとまっており，居住期間の経過とともに人のつながりが固定化し，新しい人のつながりが生まれにくくなっている．他の集落から入居した人からは「集落のコミュニティに加わることができず孤立している」というコメントも得られたほか，集会所に集まるメンバーが固定化され，集会所の占有化が進んでいる可能性もうかがえた．

また，強すぎる人のつながりが，常に他者の目を気にした行動を強要する相互監視的状況を生んでいる．インタビューでは，「輪から抜けると戻れない」など一度仮設住宅を離れると村八分的な扱いを受けるのではないかという危機感や，「集会所のダンス教室を2回も休んだから心配されてるかも」という仲間に対する過度な気遣いなどが見られた．

仮設住宅団地入居初期は，緊急処置的に人のつながりの確保が最優先されるが，それが実現した段階では，より多様で選択可能な人のつながりや，仮設住宅団地にとどまらない人のつながりが生み出す「第二段階」とでもいうべきコミュニティ支援が求められると考えられる．今回の調査で試みた仮設カフェは，居住者が関わっていくスタンスを多段階で設定しており，居住者自身が望む支援を積極的に入手していく能動的な支援方法である．既存の集会施設を用いないことで，「仮設団地のどこにも属さない場」を生み出し，仮設住宅外の部外者に対しても開かれたものになっており，「第二段階」の支援の場としての可能性を秘めている（図1.25）．

f. 2年目の仮設住宅団地—蓄積される「仮設の知恵」

仮設住宅2回目の夏を迎え，我々は再び仮設住宅団地でカフェを行うことを計画した．2年目のプロジェクトで我々が注目したのは，1年半の仮設団地の

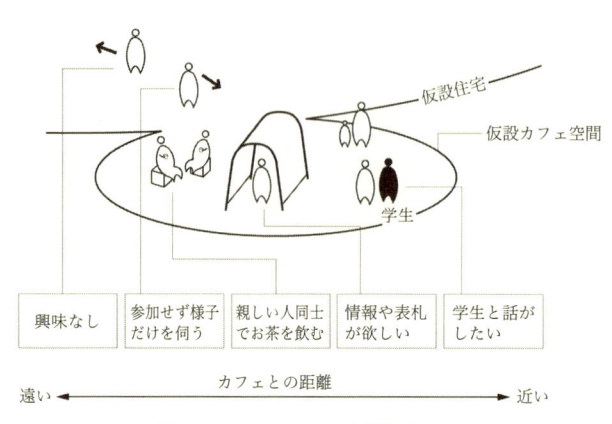

図1.25 コミュニティと仮設カフェ

生活の中で蓄積されつつある「仮設の知恵」とでもいうべきストックである．玄関先に置かれたベンチにどこからともなく集まってきて談話している様子や，住棟の間を活用した家庭菜園，子ども達の遊び場や隠れ場所など，わずかな居住期間に，そこに住む人達にとってそれぞれの価値や意味をもつ場所が形成されつつある．仮設住宅で生活した2年間はけっして「失われた2年間」ではなかったはずである．仮設住宅地での生活がどのようなものであったのかを振り返る機会を提供し，その記憶を共有することは，この2年をポジティブに捉えていくきっかけになるのではないかと思われる．

また，仮設団地は退去者の増加によって徐々に統合が図られようとしている．今後空き住戸に新たに居住者が転入してくることも予想され，こうした第二次新規入居者にとっても「仮設の知恵」は有用であろう．

g. 2年目の仮設カフェ―「仮設の知恵」を生かす試み

2年目の「仮設 de 仮設カフェ」は，旧山古志村の被災者が住む陽光台仮設住宅団地で行った（**図1.26**）．

「仮設の知恵」として，(1) 居住者にとって価値や意味をもつ場所，(2) 被災

1.2 被災地の環境デザイン **37**

■実施日時
2006年10月10日（火）
10月11日（水）
10月13日（金）
10月17日（火）
10月18日（水）
10月21日（土）
10月22日（日）

■開催時間：
12時～16時

■実施場所：
陽光台仮設住宅地B集会所前

※2006年のカフェは、昨年のように巡回はせず、実施場所を一カ所で重点的に実施した。実施した陽光台仮設住宅地は、山古志村からの被災者が居住している。

実施概要　　　　　　実施風景

みんなの仮設アルバム
陽光台仮設住宅が設置されてから現在に至るまでに行われた様々なイベントに関する新聞記事、ボランティアセンターや居住者から提供を受けた写真を展示し、自分の参加したイベントの感想を追加したり、さらに写真の提供を受けるなどして、仮設住宅地全体の「思い出アルバム」を製作した。そのプロセスの中で、仮設住宅地を住みこなしていく上での体験談などをインタビューした。

みんなの仮設地図
仮設住宅地の模型に「みんなの集まる場所」、「癒しスポット」、「犬がいる家」、「便利な場所」など、居住者にとって有益な情報をマークしていき、仮設住宅地の2年間の生活で生まれてきた様々な場所をカフェに訪れた居住者全体で共有することを試みた。

図 1.26　仮設カフェ実施概要（2 年目，2006 年）

から現在に至るまでの生活回復のプロセス，の 2 点に着目し，それぞれを調査しながらその情報を居住者に還元できる情報交流型調査（「みんなの仮設地図」と「みんなの仮設アルバム」）を行った．

まず，「みんなの仮設地図」では仮設住宅団地の立体模型を準備し，「集まる場所」，「くつろげる場所」，「仮設のペット」，「癒しスポット」などのマーク（模型に設置できる旗）を準備し，模型地図に自由に情報を付加してもらった．他の居住者のマークした場所に関して補足的にコメントする居住者も多く，聞き取ったコメントカードも関連づけて掲示し，居住者にとって価値や意味をもつ場所の情報を蓄積し，居住者同士で共有することを試みた．

実施期間中には，カフェを訪れた居住者から情報がもたらされ，そのいくつかには実際に訪問しインタビューも行った．「みんなの仮設地図」プロジェクトの中で，陽光台仮設住宅団地の居住者同士の交流拠点やそのきっかけとして浮かび上がってきたのは，軒先に置かれたベンチや「畑」であった．畑は仮設

住宅の隣棟間や近所で提供された家庭菜園を居住者が開墾したもので，居住者が農村集落（旧山古志村）からの避難者であったこともあり，畑作りがきわめて盛んであった．インタビューでは，畑作りがきっかけで知人の輪が広がった例や，家先の畑がいつのまにか近所の人達の交流場所になっていた例などがみられた（図1.27）．

次に，「みんなの仮設アルバム」では，震災発生から現在までの新聞報道で当該仮設住宅団地に関係がある記事と，集会所を拠点に活動していたボランティアが記録していた写真をテント内に時系列順に展示した．これらの新聞記事や写真は，居住者に当時の様子を思い出してもらうきっかけを作るのがねらいであり，記事や写真をきっかけに聞き出したことをカード化して追加展示し，

玄関前のイスやベンチ①　玄関前のイスやベンチ②　玄関前のイスやベンチ③

仮設団地が一望できる高台　集会所　みんなのペット化している犬

家庭菜園　仮設住宅地内の畑　道ばたのベンチ

図1.27　「みんなの仮設地図」で情報提供された仮設団地内の場所

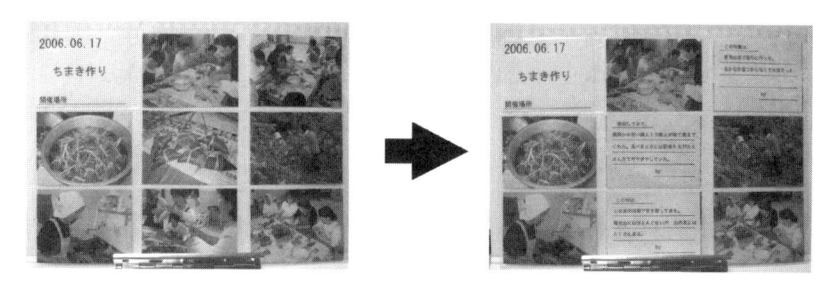

図1.28 「みんなの仮設アルバム」に集積される仮設住宅の記憶

個人が撮影した写真などの提供を受けた場合もそれを展示した．このように新聞記事や写真，他の人のコメントをきっかけに，その当時のことを思い出してもらい，関連するコメントを集積していくことで，2年間の仮設住宅の出来事や生活のノウハウなどのアーカイブスを構築することを試みた（図1.28）．

h. つながりを求めて仮設住宅を訪れる人々

カフェでインタビューしていて気づいたのは，カフェを訪れる人の中にすでに仮設住宅団地を退去している人が多く含まれることである．退去した人は山古志に戻った人と，これを機会に長岡市街など周辺に移り住む人の二手に大きく分かれている．訪れるのは主に山古志を離れた居住者である．退去後も人のつながりを求めて，仮設住宅の知人宅を訪問している．

これと同様のことは再開された山古志の診療所でも見られた．診療所を訪れる人は山古志に戻った人だけでなく，わざわざ山古志外からやってくる旧住民が見られた．診療所の待合室はこうした人の交流の場としても機能していた．

i. 3年目に向けて

本来の計画では2年で撤去する予定であった仮設住宅団地は，設置期間が延長され3年目を迎えている．一方で山古志の退去勧告も次々と解除され，新生山古志も徐々に活気を取り戻しつつある．仮設住宅に残された人の居住環境をどう支援するか？　仮設住宅，山古志村，それ以外の町，3つに分かれた人のつながりをどう結びつけるか？　我々は微力ながら支援を続けたいと考えている．

また，2007年7月16日，中越地震の被災地とほど近い柏崎を震源として中越沖地震が発生し，柏崎を中心に44団地1222戸の仮設住宅が建設された．現在我々は，ここまで蓄積した仮設住宅を住みこなしていくためのノウハウをこれらの仮設住宅に提供していくことも計画しており，より洗練されたノウハウの提供とそのフィードバックの手法を模索しているところである．

j. 支援型調査の課題

本研究の特徴は調査と並行して居住環境改善の支援を行う点にあり，「仮設 de 仮設カフェ」や「情報交流型調査」を行った．この調査手法の今後の課題としては以下が挙げられる．

・情報交流型調査は，リアルタイムで支援と調査が行える一方で，誤った情報（違法な改造手法や危険な改造手法など）を提供流布してしまう恐れがある．得たノウハウをそのまま情報として第三者に提供できるかどうかを判断する仕掛けをその調査プロセスに組み込んでおく必要があり，調査実施者に十分な知識が求められる．

・調査のフィードバックが確実に支援につながるようにしなければ，調査の免罪符としての支援を行っているような形になってしまう．調査と支援の間に十分なタイムラグが保証されない状況で，うまく調査をフィードバックできる支援の仕掛けを構築する必要がある． ［岩佐明彦］

本研究は住宅総合研究財団の助成研究「水害・震災仮設住宅の居住環境支援に関する研究（岩佐明彦（主査），新海俊一（長岡造形大学），篠崎正彦（東洋大学（当時，昭和女子短期大学）），小林健一（国立保健医療科学院），安武敦子（駒沢女子大学（当時，東京理科大学）））」の一環として行った．

「仮設 de 仮設カフェ」ホームページ：http://iwasa-lab.sakura.ne.jp/OPN/

参考文献

1) 牧 紀男，三浦 研，小林正美：応急仮設住宅の物理的実態と問題点に関する研究—災害後に供給される住宅に関する研究 その1—，日本建築学会計画系論文集，第476号，pp. 125-133（1995）

2) 牧　紀男：自然災害後の「応急居住空間」の変遷とその整備手法に関する研究，京都大学大学院工学研究科学位論文（1997）
3) 日本建築学会農村計画委員会編：災害直後の居住支援を考える―農山漁村集落の災害復興支援　その1―，日本建築学会大会パネルディスカッション資料（2005）
4) 神戸弁護士会編：阪神・淡路大震災と応急仮設住宅―調査報告と提言―，神戸弁護士会（1997）
5) 新潟日報編：新潟県中越地震，新潟日報社（2004）
6) 新潟日報編：7・13水害，新潟日報社（2004）
7) 越南タイムズ編：新潟県中越地震特別記録写真集　激震魚沼，越南プリンティング（2005）
8) 日本建築学会：大震災五年半・住宅復興の検証と展望，日本建築学会大会研究資料（2000）
9) 長谷川　崇：災害仮設住宅における居住環境改変とその支援―「仮設カフェ」による実践的研究―，新潟大学大学院修士論文（2006）
10) 宮越敦史：仮設住宅の外部増築に関する研究―情報交流型調査による住みこなし支援の試み―，新潟大学卒業論文（2006）
11) 赤熊宏紀：災害仮設住宅における居住環境の構築と環境移行―長岡市陽光台応急仮設住宅における物理的蓄積と社会的蓄積の考察―，新潟大学大学院修士論文（2007）
12) 石岡紘太郎：災害仮設住宅の居住環境改変に関する研究―農村型仮設住宅の可能性―，新潟大学卒業論文（2007）
13) 長谷川崇，岩佐明彦，新海俊一，篠崎正彦，安武敦子，小林健一，宮越敦史：応急仮設住宅における居住環境改変とその支援－「仮設カフェ」による実践的研究－，日本建築学会計画系論文集，第622号，pp.9-162（2007）

1.3 手づくりのまちづくり—新潟県長岡市栃尾で雁木をつくる

　住民が参加するまちづくりには，グリーンツーリズムを目指した山村集落再生のまちづくり，地域の自然・生活環境を保持するためのまちづくり，地域の文化や景観を守りつくるまちづくり，芸術の場をまち・地域全体に広げる活動，まちの伝統や環境を活用して中心市街地の活性を図るまちづくり，高齢者の介護を地域で支援するまちづくり，子ども達の遊び環境を整備するまちづくり等々，いろいろな試みがある．これらの中には，住民が自発的に始めたものから，自治体がまちづくりの計画を発芽させるものまで，その始動のかたちも様々である．現在，まちづくり活動を支える NPO もたくさんつくられており，まちづくりのワークショップや計画案の作成が進んでいる．

　しかし，住民が期待しているようにその環境を維持し変えていくには，さらに多くの困難と課題とを乗り越えなければならないことが多い．まちづくりが他の計画の前提である場合や，住民がワークショップの活動をすること自体をまちづくりの成果と位置づけられている場合では，まちづくりの計画やアイディアが具体的な実施へとつながっていかないこともない．もちろん，住民の間でまちづくりに対する目標や価値観が異なってまったく進まないということもあるし，計画されたものの実現に大きな制約がある場合もある．

　このようなまちづくりの状況の中で，住環境を自力でつくり変えていく活動がいくつか行われ始めている．その中の1つに，建築からまちづくりに関わる事例である新潟県長岡市栃尾地区表町（**図 1.29**）の雁木づくりがある．1997年に始まって10年以上活動が持続しているこのまちづくりは，住民と新潟大学工学部の学生とが協働するまちづくりである．実際に環境をまちの住民と大学生の手でつくり変えている実践的な環境形成の経過の中で，これまでのワークショップでは考えられてこなかった，新しい仕組みをつくり出しながら続けられている．

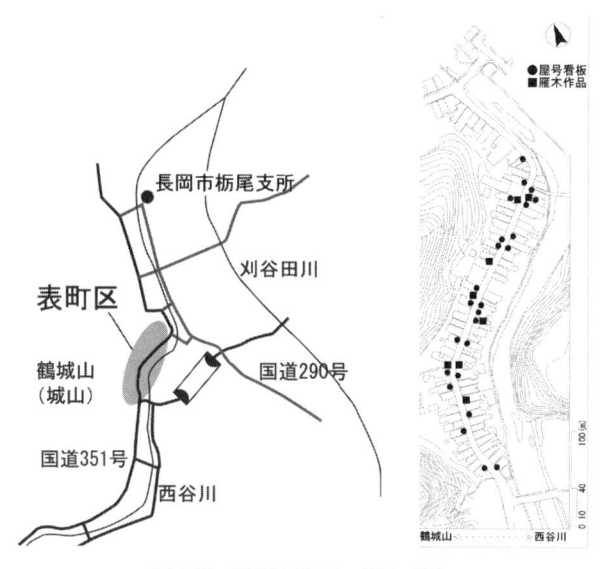

図 1.29　新潟県長岡市　栃尾・表町

a. まちづくりの始動とその特徴

1997年から新潟県長岡市栃尾で始まったこのまちづくりは，雁木（がんぎ）という家の外に張り出している庇を改築する活動である．雁木は新潟などの積雪地域にある伝統的な庇で，歩行者が雨や雪のときに傘をささずに歩くための大切な生活歩道となっている．中心市街地の道の両側に沿うようにつくられているこの雁木は，新潟県内でも津川ではトンボと呼ばれたり，秋田県では道路との境をガラスで仕切ってコミセと呼んでいたり，それぞれの地域で特徴的な景観をつくっている．

新潟県中越の山間部にある長岡市栃尾地区は，昭和の中期まで化学繊維産業で栄えた町である．その当時の勢いをとどめるように，現在でもケヤキの大きな柱と梁が使われた町家が並び特徴的な町並みとなっている．その中で，表町は近在の集落から馬市のために馬喰や農民が集まり，必要なものを買い求める職人の町であった．道路の両側に並ぶ雁木は，各家が自分の敷地の一部を地域に開放して自らの資金でつくり続けてきたものである．町家の前に雁木をつくってそこを歩行空間とするという伝統は，降雪の厳しい新潟の地域ならではの

作法である．しかし，中心市街地の経済的な力が弱くなり，町家が商売をやめてミセの部分を自家用車の置場や屋外駐車場にすることが多くなって，そこにかかる雁木のいくつかが撤去されつつある．また，高齢になった住民が，壊れた雁木を改修できずに朽ちてしまったものなどが目につくようになってきている．そのため，本来の長くつながった雁木の空間は，歯が欠けるようにその一部がとぎれている．この表町でも雁木の一部がすでになくなっていて，雁木通りといわれた面影をとどめられなくなろうとしていた．

1996年に，「表町に，過去の記憶と現在の思いを残したい」という表町大竹清区長を中心とした表町住民と新潟大学は，計画提案だけに終わるまちづくりワークショップから脱する新しい展開を計画した．少しずつ進める・予算を必要としない・学生と町の人達とが協働する・地元の自然素材を使う・手わざを生かす・100年もつものをつくる・持続できる活動にする・地域の職人（大工・建築家・工務店・建設会社・森林組合・青年商工会議所の人達）の助力を求めるという，基本的な方針を確認して，このまちづくりが始められた．

その後，長岡造形大学（横山浩教授），県立新潟工業高等学校（菅沼幸・山田雅康教諭）が加わり，複数の大学からの参加を得て活動を続けている．住民と大学とが，表町の雁木づくりの計画・デザインから建設までを一貫して担い，実際に100年先の姿を目指して手づくりしているこの活動は，他のまちづくりには見られない特徴をもっている．

1997年の，裏山の砂防ダム工事のために伐採された金毘羅神社境内の杉（ご神木）を，屋号の看板として活用しようというプロジェクトがその起点になっている．200年以上の樹齢をもつ堅い杉木が伐採されて，製紙会社にチップとして売られる直前に出した提案がそれを可能にした．1998年の5月に，学生と住民が12のチームをつくって，それぞれの家の屋号の看板をデザインした．このデザインにそって住民が製材所を借りてご神木を必要な大きさに切り揃えて，学生達が看板を製作した．2年間の活動の結果，合計で24の看板を作製し，現在も表町の景観の1つとなっている．

2000年からは，表町の雁木通りで抜けてしまっている雁木を再生するプロジェクトが始まった．まず道路を横切る川の上や共有地にかかる表町区所有の雁木を改築する．住民と学生とが協働して，雁木を少しずつ自力建設していき

ながら，表町全体の環境を保全・創造していく雁木づくりの始まりである．

b. 雁木づくりの概要

　この活動は，新潟大学工学部建築学コースの3年生を対象とした建築計画演習（西村伸也教授・岩佐明彦准教授）で行っている．毎年度4月から7月までの週1.5時間2単位の演習であるが，実際には雁木の建設・完成にはさらに半年以上かかることになり，建設が完了するのは次の年の春になる．参加する学科の3年生は，雁木をつくるという実践の中で，コンセプトの立案，住民との検討や対応，デザインの生成，空間のデザイン，プレゼンテーション，材料の選定，ディテールの検討，建設作業の全体を経験することになる．これらの経験は，実際のものづくりの中にしかない厳しい条件設定やデザイン検討の厳格な進め方，使う人達の安全やまち全体の景観に対する責任を学ぶ好機となっている．

　全国でも学生がまちづくりに関わる事例は増えているが，それらは，計画案の提示で終わるものや，仮設の造形物を一定期間だけ設置するにとどまっているものが多い．このまちづくり活動は，住民と学生とが計画立案・デザイン・製作を一貫して行い，まちに残る実際の環境を10年以上にわたって持続的につくり出している点で，大きく異なる．この実践的なまちづくりで新たに醸成されている大学と地域との関係は，今後のまちづくり活動のあるべき姿の1つであると考えている[1,2]．

　2000年度からの雁木づくりは，敷地や雁木の状況によって毎年同じ活動にはならないが，その概要は以下となっている．

1) まちづくりの開始：4月

　4月の授業で，まちづくりの課題・目的・経緯についての説明が2回にわたって大学で行われる．初めに，活動を立ち上げた3人（大竹清元区長，佐野豪課長，西村伸也教授）がまちづくりへの思いと雁木づくりへの経緯を説明し，環境を住民と変えていくというまちづくりの位置づけについて学生と意見の交換を行う．次に，栃尾市表町区長・住民・栃尾市建設課が，表町で行っている雁木づくりの概要や前年度に建設された雁木の特徴や問題点，住民による計画

案の評価を説明する．さらに，栃尾地区の都市計画の概要や表町を中心とするまちづくりの現状と基本的な方向についての説明を加えて，学生と表町住民とがまちづくり活動についての議論を行う．

2) 住民とのチーム編成：5月

　表町の秋葉神社に住民と学生とが集まって，表町区婦人部の人達が用意をするおにぎりと特産の「あぶらげ」による昼ご飯を一緒にとることから，表町での1年が始まる．住民と学生とがお互いに自己紹介をして，雁木をつくるチームを学生と住民とが一緒に編成する．住民と学生とが表町を歩きながら，住民からは雁木や町家の説明やつくられた雁木の検討の様子を聞く（図1.30）．

　この時期に，前年度までに建設されている雁木を学生が掃除することにしている．先輩達がつくってきた雁木の掃除をすることで，間近に木材のかたちや大きさ，瓦や石等の材料の使い方・特徴を観察することが目的である．さらに，表町に残る町家の空間を調査し，雁木を建設する敷地の詳細な実測調査を2回に分けて行い，デザインする雁木の大きさ，配置の条件等を住民と学生とが話し合う．

図1.30　まちづくりの開始（5月）
表町での雁木の掃除（左），および住民との昼食（右）．

3) 表町・計画地の調査：6月

　雁木のデザインを検討するために，学生がチームごとに住民を囲んで，積雪のある冬季の住まい方や雁木のことについての話を聞く．町家での特徴的な住まい方，雁木での生活，雪のある季節の姿，雪下ろしと流雪溝，等の表町の生

図1.31 表町・計画地の調査 (6月)

活と雁木や町家についての住民の意識や要望を出しあって，これから検討すべき雁木の計画内容を学生と住民とが一緒に考える．また，敷地の調査を重ねて，計画敷地の家人から建設される雁木への要望を聞くとともに，敷地がもっている法的な条件と守らなければならない要件の整理を行う．とくに雪処理や，敷地と隣接する住戸を考慮して，雁木の高さや位置・屋根の勾配の詳細な条件設定を全体で行う**(図1.31)**．

4) **計画案の検討**：7月

　住民と学生とのチームが検討している計画案を，多くの住民の前で中間発表する．チームごとの計画案の可能性と問題点を，学生達と住民とが全員で共有して計画内容の質を高めるために，住民と大工，建築家，構造設計家，施工会社等の専門家からの指摘を受け，質疑応答を活発に行う．雁木の雪下ろしのための屋根形状，雪下ろしの方向，屋根の材質，雁木の構造的な剛性の検討，夜

図1.32 住民との雁木デザインの検討 (6〜7月)

の照明のあて方，集成材の使い方，基礎部分のデザイン等の幅広い検討が行われる．学生は，この中間発表での検討内容を受けて，9月に行われる最終のプレゼンテーションに向けて雁木の提案を考えることになる（図1.32）．

5) **デザインのコンペティション**：9月

学生が住民とともにつくりあげてきた雁木のデザインを，模型とパネルを使

図1.33　雁木デザインのコンペティション（9月）

って表町の多くの住民の前で提案する．このデザインコンペティションは，表町の人達が参加しやすいように土曜，日曜の休日に行われる．コンペティション後，提出された模型とパネルは表町の集会所で住民に公開され，住民の選択にゆだねられる．全住民が1票ずつもって投票を行い，最適と住民が考える提案を選択する．この投票結果は，それぞれの学生の評価としても活用されている（図1.33）．

6)　実施設計と建設内容の検討：10月

　住民が最優秀であると選定した雁木案は，建設のための実施設計を行う．構造設計事務所，建築設計事務所，大工，施工会社等の専門家が，学生・住民とともに実施設計段階をチェック・検討する．木造のディテールの検討，材料の選択，雁木のデザインの改善，施工するにあたって材料の大きさや位置等の問題への対応，構造計画の確認と補強等の必要，隣接する住戸や敷地との関係で必要となる変更など，計画案に多くの修正と変更が重ねられる．たとえば，当初の計画では隣戸の窓に屋根がかかっていたために，窓にかかる屋根の一部を下げてその下にベンチを置くという変更や，裏の駐車場からの見通しを確保するための壁面の削減等，大きな設計変更がいくつか行われて，計画する雁木を建設できるものにする（図1.34）．

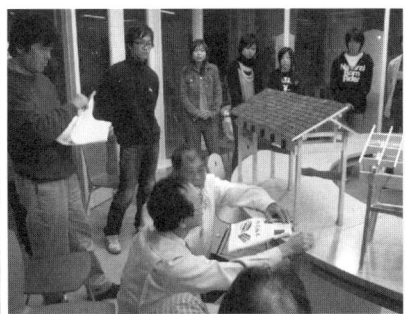

図1.34　実施設計の検討（10月）

50　1. 人と環境に広がるデザイン

図1.35　雁木の建設（11〜12月）

7) 雁木の建設：11〜2月

　地域の大工・建設会社・製材所・森林業協同組合からの協力を得て，施工が始まる．地元の杉材を使っているので，関連する製材業者の協力は，材料費の圧縮に不可欠である．表町に降雪がある12月中旬までに屋根に瓦をのせることができるよう，建設スケジュールが組まれて進められる．この建設には，学生・住民に加えて，地元の大工・工務店・建築家がボランティアで参加している．積もった雪が消える3月中旬から，工事は再開されて歩道面の施工が始まり，次の年度の4〜5月に完了する（図1.35）．

c. まちづくりを持続させる仕組み

　住民と学生とが協働しながら行う表町の雁木づくりは，その10年にわたる活動の期間中に多くの課題や，市町村合併等の地域の変化等に向かい合うことになった．その時々に住民と協議しながら乗り越えて，その運営や進め方の仕組みを新たに工夫しつくり出している．

1) 住民の意思決定を軸にする

　まちづくりは，住民が区内の話合いでその始動を決めることからスタートする．敷地の選定，大学との協働の開始は，区内につくられるまちづくり協議会で3月から4月に検討され，その開始が決定される．大学側はこの決定を待ってからまちづくりを始動するというプロセスが守られている．さらに，最終的な建設案を選ぶ住民だけの投票が行われている．住民による投票が実施案を選択し，得票点が学生の成績になっている．これらは，住民による意思決定が最優先されるというまちづくりの基本的な姿勢である．大学や自治体の主導で行われるまちづくりは，時としてその中心であるべき住民の意思に適切に反応できない場面をつくることがある．そのような状況を避けるために，住民が中心に位置づけられるまちづくりを行うことで，まちづくりの持続力を得ようとしている．もちろん，いくつかの課題もある．このまちづくりが毎年4月に始まるわけではなく，活動が突然行われなくなることへの対応を授業の計画として準備することも必要となっている．住民の選ぶ最優秀案が強い指向性をもつもので，住民の間で意見が分かれることや，近隣の住戸との関係に問題をもっている場合もある．これらの問題に対しては，このまちづくりに多くの人達の参加を得ることで，その解決と対応にあたっている．専門家達の知識と視線とが，課題解決へのバランスを保つことに役立っている．実際には，地元の建築家，大工，森林組合，製材所，工務店，国・県・市の職員等，多くの専門家が学生と住民との活動に参加している．

　さらに，雁木をデザイン・建設する段階にあっても，学生が自分達だけでものをつくるのではなく，学生と住民とが1つのチームで活動するかたちをとっていることもこの活動の特徴である．学生と住民とが雁木のデザインや建設でそれぞれの役割を主体的に担っていくことが，住民と学生との協働と自立したまちづくりに向かう力となっている．

　これらのまちづくりを，地域の人達によく認知してもらうことも必要である．表町で実際に学生と住民とが調査をしたり，敷地の実測や建設をしたりしている実践の姿が一番の情報源である．また，このまちづくりの内容を詳細に伝えてくれる新聞記事は，新潟県域全体にその活動を知らせるとともに，ひるがえって直接参加している地元住民にも活動の詳細を知ってもらうことに寄与

している．加えて活動を伝える地元報道機関の記事は，学生達の持続的な動機づけに大きく役立っている．

2) 雁木の計画とデザインの質を確保する

　建設される雁木は，表町の景観をつくり出す重要な要素の1つである．表町につながる雁木は，町家それぞれの職や商いに合うようにつくられてきたために，ひとつひとつの高さ・大きさ・かたちが異なっている．この雁木の多様性を保持するために，雁木を1年で1棟ずつゆっくりつくるという方法をとっている．一度にたくさんの似たような雁木をつくるのではなく，1年の活動の記憶をひとつひとつの雁木のかたちの中に埋め込んでいくことが，この住民と学生との協働のプロセスである．

　結果として，デザインの基準やデザインコードをつくる従来の方法によらず，手づくりでかたちも個性も異なった雁木となっている．その中で，以下のように最小限のルールができあがっている．①地元の材料・地場の技術を用いること．木材でつくることを基本として，そこで使われる木材・瓦・竹・石は新潟県産のものを使っている．木材や集成材の成形にも地元の製材所の援助を得ており，雁木の建設工事に協力している大工・左官・建築家・構造設計者等の技術者は，地域の専門家達の集りである．②時間の経過を映すこと．表町の古い雁木で使われている杉は，その色を深い茶色に変化させている．その木肌と色が表町の表情にもなっており，建設する雁木には，環境対応の防腐処理しか施さないことを決めている．最初に建設された雁木は，少しずつその色を濃くしており，まわりの古い柱の色に近づいている．

　これらは，雁木のデザインコードをつくって全体の景観が調和することを目指すものではなく，将来の活動の中で変更されることも考えられるやわらかい取り決めである．このように表町のまちづくりでは，デザインの進め方やつくり方を規定することで多様性の中に生活と時間の経過を実現しようとする景観づくりの方法がとられている．表町の雁木が地域の人達や地元の大工によって改築・改修され維持されていたかつての仕組みを，学生が参加することで，現在に再生しようと目指しているのである．

3) まちづくりを教育プログラム化する

　この雁木づくりは，新潟大学工学部建設学科の特徴的な教育プログラムの1つでもある．学生がまちづくりに参加して効果的な学習ができるように，いくつかの工夫が加えられている．学生の参加意欲・動機づけを促すために，他の学校（長岡造形大学・新潟工業高等学校）が参加できる開いた競争的な環境をつくっている．また，まちづくりにあっては，参加している学生・住民はできるだけ対等な立場で発言し作業を行い，住民にもわかりやすい議論ができるように，提案する雁木は模型で提示するように決められている．チーム間の情報や課題を共有できるように，7月に提案の中間発表を行い，その問題点や特徴を全員で議論する場をつくっている．専門家として参加している建築家・大工・市役所等の人達は，その中でアドバイザリースタッフと位置づけられて，電話とメールで学生・住民が自由に相談できるようにネットワークがつくられている．

　また，地元の栃尾南小学校の総合学習ではこの雁木づくりが題材になっており，表町元区長の大竹清氏と新潟大学大学院の学生が参加して，地元の小学生に模型による雁木づくりと実際の活動の見学をさせている．大学と地域とが運営しているこのまちづくりは，小学生から高齢者までの多くの人達が参加している生涯学習の教育プログラムになりつつある．

　表町のまちづくりは，必ずしも雁木づくりにとどまっているものではない．2004年7月13日に新潟県と福島県にわたって発生した大水害によって，栃尾地区も大きな被害を受けた．西谷川の氾濫によって表町が浸水し，多くの町家に土砂が流入した．早期の復旧を必要としたこの被害に対して，まちづくりを行っていた学生が表町に救援に向かい，短期間に表町の土砂を取り除くボランティア活動を行った．

　さらに，同年10月に新潟中越地震が起こり，たくさんの住宅や農地が被災した．倒壊した栃尾の農家の柱と梁を表町の雁木として再生するために，2005・2006年度からの雁木に，譲り受けた柱・梁を材料として組み込んでいる．

d. まちづくり活動の効果と課題

　1997年から今日に至るまちづくりによって，住民と学生は多くの経験を得ている．学生と住民とが1年間，雁木をつくるということを課題にして話合いを重ね実際の建設までの活動を進めることは，両者にものづくりへの責任感と自覚を促している．デザインから建設までを一貫して行うこのまちづくりプロセスの経験は，これまでの大学教育では獲得できない貴重なことを学習する契機である．大学にとっては，まちづくりを運営することでの地域貢献・大学間の実践レベルでの連携・環境共生を目指すまちづくり活動の試行・教員のOJTの場等，このまちづくりはたくさんの目的をもった活動となっている．

　しかし問題と課題も少なくない．必ずしもまちづくりに対する住民の意見が一致しているものではなく，いろいろな考え方をもった人達が集まり，その進め方や参加の仕方についても，いろいろな役割と場面での議論が求められる．大学にとっては，まちづくりの始動が住民によって決められるために，教育プログラムとしての安定を欠いている．その時々の状況でスケジュールが大きく変わること，建設までに1年かかること，大学から栃尾までの移動時間等のために，複数の科目を調整しながら授業を運営している．学生の安全管理や学生と住民との個々の関係に対する配慮や対応も必要となるが，これらについては，大学の支援と弾力的なカリキュラム運営によって現在のような活動スケジュールが可能となっている．

　これら不安定な状況が常に活動の中に内在され，それを住民との協働の中で解決しながら雁木づくりを行っていることが，かえってこのまちづくりの持続

図1.36　表町のまち歩きマップ

性を保持する力になっているとも思われる．住民と大学が表町の雁木づくりから得られる果実を認識できることが，その持続性の鍵でもある．

　栃尾市表町は，今，古い雁木の町並みに新しいまちづくりのかたちを重ねている．毎年，住民と学生とが大きな手間をかけてつくる雁木ひとつひとつに，密度の高い時間と思いを刻んでいるまちづくりが進んでいる．雁木を見るためにこの町を訪れる人も多くなってきている(**図 1.36**)．少しずつではあるが地域の環境を変えていく新しい力が，大学と地域とのこのような協働の中に確実なかたちとなって動き始めている．

［西村伸也］

　この本文は，参考文献 3) の「住民との協働による雁木づくり」に加筆訂正した．

参考文献・注

1) 2000 年度に新潟県建築士事務所協会・建築作品最優秀賞，2001 年度に国土交通省・手づくり故郷賞，2002 年度に総務省大臣表彰，2007 年度に国土交通省・景観優秀賞，地域住宅計画推進協議会・地域住宅計画奨励賞を受け，その特徴的な雁木づくりの活動は，評価されている．また，工学分野の教育プログラムとしては，2003 年度に採択された特色 GP（文部科学省）「ものづくりを支える工学力教育の拠点形成〜創造性豊かな技術者を志す学生の連携による教育プログラム〜」の中心的な教育プログラムとなり，2004 年度に生涯学習まちづくりモデル支援事業（文部科学省）に採択され，2006 年度に BEST PAPER AWARD (International Association for Continuing Engineering Education, 10 th VIENNA) を受賞，2007 年度に工学教育協会・工学教育賞を受賞している．
2) "A designing and building educational program in collaboration among students, inhabitants and local professionals", 2006. 05., 10 th IACEE World Conference for Continuing Engineering Education.
3) 西村伸也，仙石正和他編著：工学力のデザイン，丸善（2007）

2

環境デザインを支える仕組み

2.1 執務スペースの人間行動とデザイン

a. 執務スペースデザインの現状

一般にオフィスビルは，柱のない均質な広い内部空間が設計され，様々な様態の組織の活動や構成，その変化に柔軟に対応する．その一方で，執務スペースの机配置は多くの場合，画一的な対向島型レイアウトとなっている[1]．

1980年代後半からのIT技術の進展に伴い，オフィスは，OA化・インテリジェントビル化と情報化対応に迫られてきた．またバブル崩壊後の不況，市場経済の国際化や企業活動の多様化と企業経営上の困難が増すなか，ファシリティマネジメント（FM）等によって経営戦略に組み込まれるようになっている．

こうしたなか，世界各地にオフィス革新の動きが出現した（**図2.1**）．「労働時間」，「組織・人員配置」，「仕事の場」にフレキシビリティをもたせる工夫で社会・経済の変化に対応する実践である．こうした実践には，空間デザイン上の課題も出現している．とくに「仕事の場」（ワークプレイス）については，ふつう個人専用とされる座席を共用するフリーアドレスや，遠距離通勤者が自宅近くで週に数日以上勤務するサテライトオフィス等では，場所や組織に関する心理状態と物的なしつらいとの関係に配慮した空間デザインが必要となる．

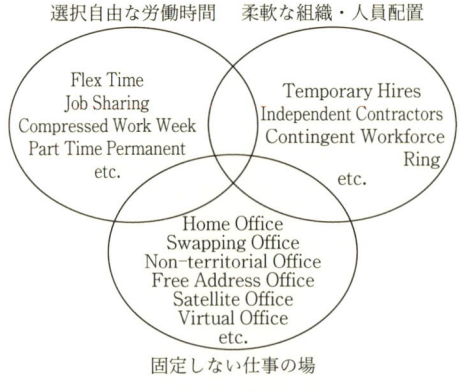

図2.1 オフィス革新のトレンド

b. 執務スペースにおける人間行動と領域

　場所に対する意識や行動と物的な空間構成との関係は「領域」概念で説明できる．まず，異なるレイアウトでの行動の違いから「領域」の特徴を見たい．

1）「領域」とは

　「領域」とは，もともと動物学の分野で「なわばり」や「テリトリー」と呼ばれる概念である．建築や環境心理学の分野では，観察や実験を中心とする人間の行動特性を扱う研究[2]や，空間や場所の記憶やイメージを扱う研究[3]がある．執務スペースの「領域」は，建物内部の限られた，しかも特定の仕組み（執務）で生起する人間の行動や意識を扱うという点で特徴づけられる．たとえば，一般のオフィスでは，自席の位置，所属組織が占める場所の範囲，頻繁に利用する共用スペースの配置，自分の組織上の地位，対人的関係，物的空間構成（とくに視線の通る範囲），物的空間構成上の定位のしやすさ（どこにいるかのわかりやすさ）等が「領域」に影響する．

　執務者の「領域」は，「場所の範囲」が階層的に広がり，機能階層は「領域性[4]の強さ」で捉えられる（図 2.2）．

　一般的な個人固定席方式の場合，「領域」は「自分の席」が中心となる．プライバシーが確保され，コミュニケーションは制御しやすい．そこから自由に使える「共用スペース」や「所属部署の占める場所」へ広がる．「自分の」，

専用性，排他性
　自分の場所と思う範囲，固定席の場合に自分が自由に使ってよい場所と思う範囲，他者が自分の場所だと認識していると思う場所（プライバシーを確保しやすい場所の範囲）
行動的調整性・浸透性
　コミュニケーションが行いやすい，コミュニケーションの仕方を調整できる場所の範囲
視覚的調整性
　直接の行動上の関係はないが，視覚的に見ることと見られることを意識する場所の範囲
領域外
　意識外の範囲＝もはや「領域」ではないが行動範囲である場合もありうる

図 2.2　領域性の強さと領域の機能・範囲

「共用の」,「他者の」という場所認識は明確で,机・椅子・収納家具・OA機器等によって顕在化する.明確な「他者の」場所にもコミュニケーションや視覚的な見通しを通じて,弱い「領域」が獲得されることもある.

2) 一般的執務スペースにおける「領域」

まず,一般的な大部屋方式で対向島型レイアウトのオフィスでの「領域」を捉えてみたい.調査事例は,設備工事の施工管理部署のオフィスで,有席者数は43名(部長1名,副部長3名,事務担当4名と6つの課)である.

図2.3は,各執務者がアンケートで図示した結果を重ね合わせたA課とC課の「よく行く場所」,「よく使う場所」である.各個人の座席まわり,所属する課の範囲,さらに資料の収納場所や共用打合せ室に行動範囲が現れている.「自分の席」から,課の範囲や共用打合せ室が,「領域性」の強い場所と考えられる[5].

これらの場所は,「その人の」場所と自他ともに認める場所,その人が「自由に使ってよい」場所,また,その人が「そこにいて当然」あるいは「おかしくない」と思える場所である.つまり,「領域」は「自分の」と意識する場所の範囲,他人が「その人の」と認識する場所の範囲を中心に広がる.

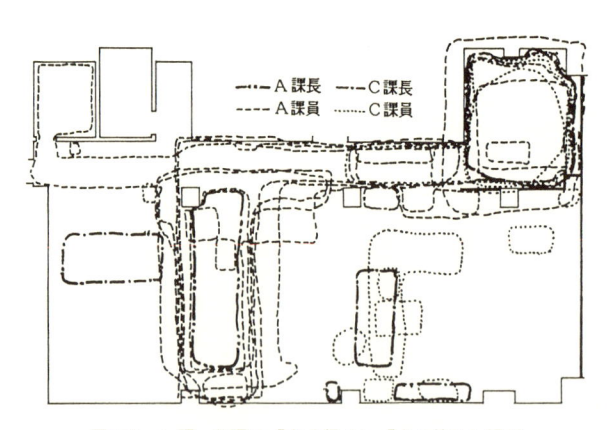

図2.3 A課,C課の「よく行く」・「よく使う」場所

3) ローパーティションの「領域」への影響

次に，座席まわりのローパーティション（パネル）の影響を考えてみる．

図2.4は，2つの執務スペースA・Bで，会話があった場所と回数を終日調査した結果で，すぐに終わる短い会話と1〜2分以上の長い会話・打合せに分けて示した．Aは脇机付きの同向式レイアウト（60 m^2；5.04 m^2/人）で，Bはパネル（$H=1250$ mm）で2人ブースを構成するスタッグ型（64 m^2；5.82 m^2/人）である．課長AMとBM，主任A1〜4とB1〜3，係員A5〜11とB4〜10が利用する．

Aでの短い会話は席の前や横で，机や脇机を介して多く，中央の打合せテーブルも多い．長い会話・打合せは，打合せテーブルと周囲の脇机，席の横や前で多い．とくに主任以上の席周囲で，長い会話・打合せが短い会話に比べて

[Aの会話場所と回数]

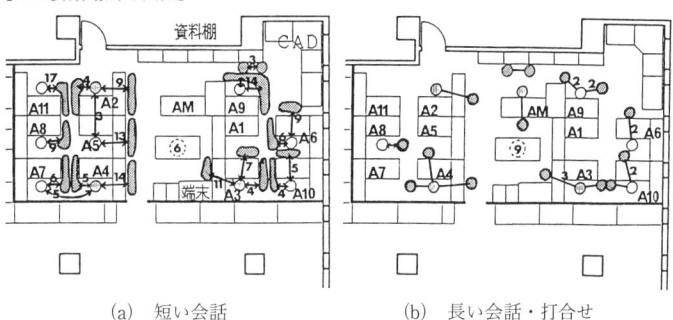

(a) 短い会話　　　　　　(b) 長い会話・打合せ

[Bの会話場所と回数]

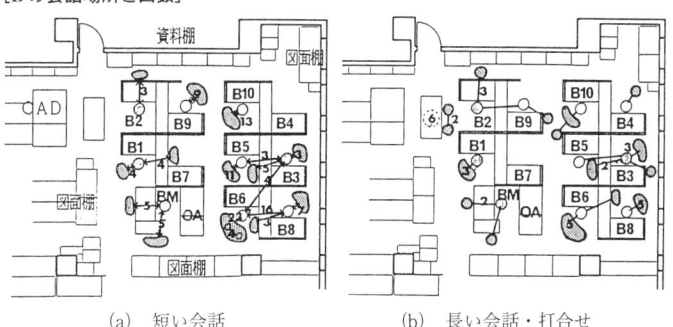

(a) 短い会話　　　　　　(b) 長い会話・打合せ

図2.4　コミュニケーションの場所と回数
短い会話は3回以上を表示．机上に点線で囲んだ数字は，その机を介しての回数．

多い.

Bでの短い会話はブース内の席の横や後で多い．Aに比べ，机の横や前のパネル，脇机を介する会話は少ない．長い会話・打合せはパネルに寄りかかる場合や打合せテーブルを使う場合があるが，他は短い会話の場合と変わらない．Aに比べ，主任以上の席の周辺がとくに多くなることはない．

以上のように，パネルで囲われたBでは課長や主任の行動範囲が広く，一方，オープンなAでは上職者よりも係員の行動範囲が広い．Aは主任以上が係員を呼びつけ，Bではその逆の風土がある（？）可能性もあるが，空間構成も明らかに影響する．つまり，係員はAではより広範囲にコミュニケーションできるが，Bでは自席で集中できる．主任以上はBではコミュニケーションに行動上の努力が必要になる．組織風土が官僚的（bureaucratic）で常にチームワークが必要な組織であればA，係員クラスの個性を尊重するならBを取るべきといえそうだ．

4）「領域」の成立プロセス

先の図2.2に示したように「領域」は，場所の占有意識だけでなく，コミュニケーションやプライバシーの調整機能に影響されると考えると，「領域」が「自分の」場所だけでなく，「他の人の席の周囲」や「課の範囲全体」に広がり，しかも一様とはならない現象を説明できる．つまり，「課」の範囲でも他者との「コミュニケーションが行いやすい場所」，「コミュニケーションの仕方を調整できる場所」が「領域」となる．逆に，自分と所属組織の占める場所の範囲をもとに，コミュニケーションやプライバシーを調整する行為とその過程を考察すると，「領域」の形成・成立過程を推測することが可能になる．

●「領域」の成立範囲

ある外資系企業の改修前後のオフィスで，記憶している全体レイアウトを描く「スケッチマップ」という調査を実施した．このオフィスは，5つの営業部（部長1名，部員各8〜9名，秘書各3〜4名）と管理部（部長1名，秘書1名，部員が改修前1名，改修後3名）が利用し，改修により$H=1600$ mmのパネルによるブース席が，既存パネルを利用した対向式に変更された．地方在住で

月2回訪れる地方部員は，会議室や不在の部員席を利用していたが，改修により全員の席が確保された．

図2.5は，描画された各空間要素の位置が実際とずれている箇所，描かれていない空間要素と描かれている空間要素との境界線を集計し，それを全回答者数で除した場所ごとの誤描画率を示した図である．改修前後とも，図中右側の幹部室と秘書席の部分は誤描画率が高く，独立したイメージである．そこ以外の大部屋部分は，改修前は2~3の秘書席とブース席のまとまりがイメージされている．しかし，改修後は，部員席と秘書・部長席の2つの空間分節となる．改修により机が整然と並べられた結果，イメージされる空間の分節単位が拡大し，分節数が減っている．改修6か月後には，誤描画率が高い箇所が少なくなり，誤描画率が減る傾向にある．

「領域」の成立には，組織上の関係だけでなく，視線高さ以上のパネルの位置が少なからず影響することがわかる．さらに，時間経過によりイメージできる空間の範囲が大きくなることから，領域化が時間経過によって進むことがわかる．また，幹部室・秘書席の部分は，改修前や6か月後も，独立した空間としてイメージされていることから，異なる「領域」と考えられる．

つまり，業務内容が関連をもち，業務上の人的交流が多い組織がオープンオフィスの一部を占める場合，その集団の範囲が個人の「領域」を捉える際の考慮範囲と考えられる．一般的な企業であれば，部や部署の単位であろう．

アレグザンダー（C. Alexander）は，最も効率的でしかも仕事に対する満足感が得られる組織形態として，5~20人の作業者で構成される自主管理的なオフィスが形成されるべきと主張している[6]．また，事務室の1階分に相当する移動距離を100 ft（30 m）としている[7]．さらに，工場の作業集団の単位を15~20人とした結果，欠勤や転職が減り，監督者も少なくて済むようになったという報告もある[8]．つまり集団の「領域」，個人の「領域」を扱うべき範囲は，5人のスペースから，広くとも900 m^2（30×30 m）程度の間にあると考えられるだろう．オフィス改修の際には，事前に組織や空間の分節単位を把握し改修範囲を決める必要がありそうだ．

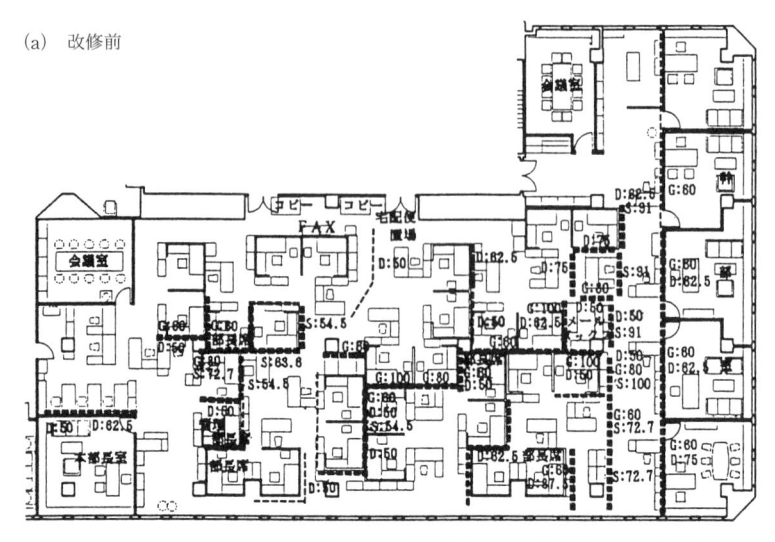

64   2. 環境デザインを支える仕組み

(a) 改修前

(b) 改修1か月後

■■■■:30%以上　━━━:25%以上　----:20%以上
＊数字は、各職種別に誤描画率50%以上の箇所を示す．
G:部長／D:部員／S:秘書

図 2.5　誤描画率の推移
全体の誤描画率が 20% 以上の箇所（破線）と，職種別の誤描画率が 50% 以上の箇所（数字）のみを示す．

(c) 改修6か月後

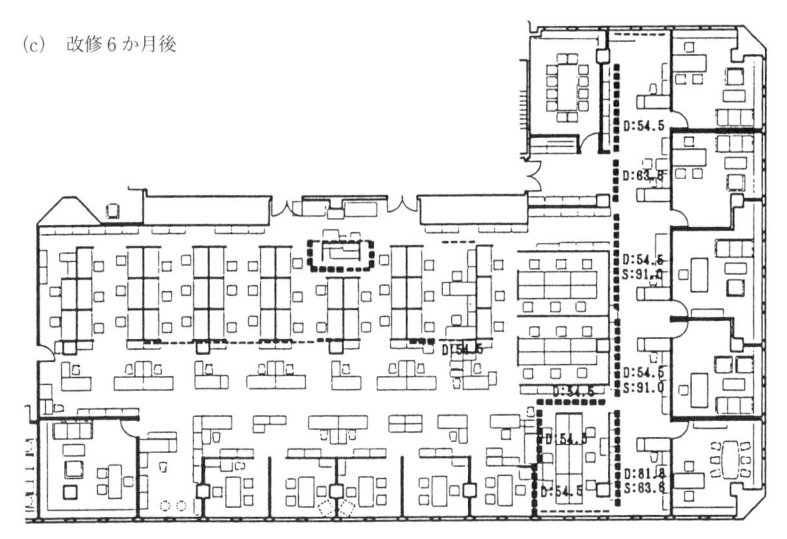

図 2.5(つづき)

● 改修による領域の変化

次に，各執務者の描画順序を分析して「領域」の形成過程を考えてみる[9]．

連続して描画され，しかも空間的に周囲と連続する要素，周囲の要素を契機に想起された要素から，「領域」に含まれる「場所の意味」を解釈すると，物的空間構成や使われ方から次のような捉え方ができる．

① 自席，組織上の部の範囲
② 役割別（部長，部員，秘書）の範囲
③ よく話をする相手の席とその周辺
④ よく行く・利用する場所
⑤ 各場所から見渡せる範囲

職種ごとに「領域」を「場所の意味」をもとに分類し位置づける（**図 2.6**）と，領域化は「自席周辺」から進むと捉えられる．改修前はブース型の影響で，部長・部員は「他部の部長とその周辺」，「自部の部員とその周辺」を「領域」とし，前者の領域化が先行する．秘書は「秘書相互」，「秘書と隣接する部

2. 環境デザインを支える仕組み

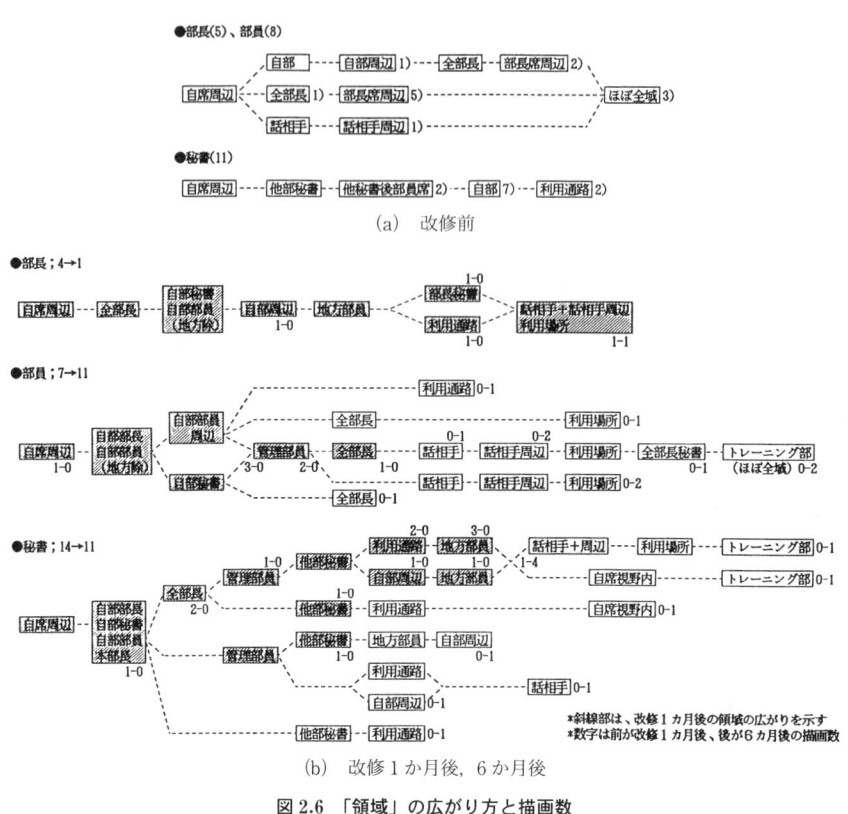

(a) 改修前

(b) 改修1か月後，6か月後

図 2.6　「領域」の広がり方と描画数

図中の数字は，左側の自席周辺からその場所までに対応する「場所の範囲」を「領域」とするスケッチマップの数．

員」，「利用通路の順」に広がる．つまり，部単位の配置でないため，在席率が高く目につきやすい部長や秘書が先に領域化されている．改修1か月後（(b) の斜線部）には，部長は「部長相互」，「自部の部員席」，部員は「部長席」よりも「自部の部員とその周辺」を「領域」としている．つまり，個室化し目につきにくくなった部長席よりも，物理的にまとまった部員席の領域化が先行している．秘書は「自部の部員」から，在席率の高い「秘書相互」や「管理部の部員の席」，さらに「自部の部員周辺」，「利用通路の周辺」へと広がる．

改修6か月後を見ると，部長は部長席が個室で周囲を見通せないうえ，行動範囲が狭いため「領域」が拡大していない．部員の「領域」は多様になり，改

朝倉書店〈土木・建築工学関連書〉ご案内

シリーズ〈都市地震工学〉7 地震と人間
大野隆造編 青木義次・大佛俊泰・瀬尾和大・藤井 聡著
B5判 128頁 定価3360円(本体3200円)(26527-9)

都市の震災時に現れる様々な人間行動を分析し,被害を最小化するための予防対策を考察。〔内容〕震災の歴史的・地理的考察／特性と要因／情報とシステム／人間行動／リスク認知とコミュニケーション／安全対策／報道／地震時火災と避難行動

役にたつ土木工学シリーズ1 海岸環境工学
岩田好一朗編著
B5判 184頁 定価3885円(本体3700円)(26511-8)

防護・環境・利用の調和に配慮して平易に解説した教科書。〔内容〕波の基本的性質／波の変形／風波の基本的性質と風波の推算法／高潮，津波と長周期波／沿岸海域の流れ／底質移動と海岸地形／海岸構造物への波の作用／沿岸海域生態系／他

役にたつ土木工学シリーズ2 水資源工学
小尻利治著
B5判 160頁 定価3570円(本体3400円)(26512-5)

水資源計画・管理について基礎から実際の応用までをやさしく，わかりやすく解説。〔内容〕水資源計画の策定／利水安全度／水需給予測／流域のモデル化／水質流出モデル／総合流域管理／気象変動と渇水対策／ダムと地下水の有機的運用／他

コンクリート工学(第2版)
大塚浩司・庄谷征美・外門正直・小出英夫・武田三弘・阿波 稔著
A5判 184頁 定価2940円(本体2800円)(26151-6)

基礎からコンクリート工学を学ぶための定評ある教科書の改訂版。コンクリートの性質理解のためわかりやすく体系化。〔内容〕歴史／セメント／骨材・水／混和材料／フレッシュコンクリート／強度／弾性・塑性・体積変化／耐久性／配合設計

コンクリート診断学入門 ―建造物の劣化対策―
魚本健人著
B5判 152頁 定価3780円(本体3600円)(26147-9)

「危ない」と叫ばれ続けているコンクリート構造物の劣化診断・維持補修を具体的に解説。診断ソフトの事例付。〔内容〕コンクリート材料と地域性／配合の変化／非破壊検査／鋼材腐食／補強工法の選定と問題点／劣化診断ソフトの概要と事例他

朝倉土木工学シリーズ1 コンクリート材料
大即信明・宮里心一著
A5判 248頁 定価3990円(本体3800円)(26501-9)

性能・品質という観点からコンクリート材料を体系的に展開する。また例題と解答例も多数掲載。〔内容〕コンクリートの構造／構成材料／フレッシュコンクリート／硬化コンクリート／配合設計／製造／施工／部材の耐久性／維持管理／解答例

基礎から学ぶ土質工学
西村友良・杉井俊夫・佐藤研一・小林康昭・規矩大義・須網功二著
A5判 192頁 定価3150円(本体3000円)(26153-0)

基礎からわかりやすく解説した教科書。JABEE審査対応。演習問題・解答付。〔内容〕地形と土性／基本的性質／透水／地盤内応力分布／圧密／せん断強さ／締固め／土圧／支持力／斜面安定／動的性質／軟弱地盤と地盤改良／土壌汚染と浄化

最新土質力学(第2版)
冨田харт満・福本武明・大東憲二・西原 晃・深川良一・久武勝保・楠見晴重・勝見 武著
A5判 224頁 定価3780円(本体3600円)(26145-5)

土質力学の基礎的事項を最新の知見を取入れ，例題を掲げ懇切に解説した教科書。〔内容〕土の基本的性質／土の締固め／土中の水理／圧縮と圧密／土のせん断強さ／土圧／地中応力と支持力／斜面の安定／土の動的性質／土質調査／地盤環境問題

土質力学
岡 二三生著
A5判 320頁 定価5460円(本体5200円)(26144-8)

地盤材料である砂・粘土・軟岩などの力学特性を取り扱う地盤工学の基礎分野が土質力学である。本書は基礎的な部分も丁寧に解説し，新分野としての計算地盤工学や環境地盤工学までも体系的に展開した学部学生・院生に最適な教科書である

まちづくり学 ―アイディアから実現までのプロセス―
西村幸夫編著
B5判 128頁 定価3045円(本体2900円)(26632-0)

単なる概念・事例の紹介ではなく，住民の視点に立ったモデルやプロセスを提示。〔内容〕まちづくりとは何か／枠組みと技法／まちづくり諸活動／まちづくり支援／公平性と透明性／行政・住民・専門家／マネジメント技法／サポートシステム

エース建築工学シリーズ
教育的視点を重視し，平易に解説した大学ジュニア向けシリーズ

エース鉄骨構造学
五十嵐定義・脇山廣三・中島茂壽・辻岡静雄著
A5判 208頁 定価3570円（本体3400円）（26861-4）

鋼構造の技術を，根幹となる構造理論に加え，平易に解説。定番の教科書を時代に即して改訂。大学・短大・高専の学生に最適。〔内容〕荷重ならびに応力の算定／材料／許容応力度／接合法／引張材／圧縮材の座屈強さと許容圧縮応力度／他

エース建築環境工学Ⅰ —日照・光・音—
松浦邦男・髙橋大弐著
A5判 176頁 定価3360円（本体3200円）（26862-1）

建築物内部の快適化を求めて体系的に解説。〔内容〕日照（太陽位置，遮蔽設計，他）日射（直達日射，日照調整計画，他）／採光と照明（照度の計算，人工照明計画，他）／音環境・建築音響（吸音と遮音・音響材料，室内音響計画，他）

エース建築環境工学Ⅱ —熱・湿気・換気—
鉾井修一・池田哲朗・新田勝通著
A5判 248頁 定価3990円（本体3800円）（26863-8）

Ⅰ巻を受けて体系的に解説。〔内容〕Ⅰ編：気象／Ⅱ編：熱（熱環境と温熱感，壁体を通しての熱移動と室温，等）／Ⅲ編：湿気（建物の熱・湿気変動，結露と結露対策，等）／Ⅳ編：換気（換気計算法，室内空気室の時間変化と空間変化，等）

エース鉄筋コンクリート構造
渡辺史夫・窪田敏行著
A5判 136頁 定価2730円（本体2600円）（26864-5）

教育経験をもとに簡潔コンパクトに述べた教科書。〔内容〕鉄筋コンクリート構造／材料／曲げおよび軸力に対する梁・柱断面の解析／付着とせん断に対する解析／柱・梁の終局変形／柱・梁接合部の解析／壁の解析／床スラブ／例題と解

エース建築構造材料学
中塚 佶・濱原正行・村上雅英・飯島泰男著
A5判 212頁 定価3360円（本体3200円）（26865-2）

設計・施工に不可欠でありながら多種多様であるために理解しにくい建築材料を構造材料に絞り，構造との関連性を含めて簡潔に解説したテキスト〔内容〕Ⅰ編：建築の構造と材料学，Ⅱ編：主要な建築構造材料（コンクリート，鋼材，木質材料）

〔続刊〕 エース建築計画　　エース建築設備システム

シリーズ〈建築工学〉
基礎から応用まで平易に解説した教科書シリーズ

1. 建築デザイン計画
服部岑生・佐藤 平・荒木兵一郎・水野一郎・戸部栄一・市原 出・日色真帆・笠嶋 泰著
B5判 216頁 定価4410円（本体4200円）（26871-3）

建築計画を設計のための素養としてでなく，設計の動機付けとなるように配慮。〔内容〕建築計画の状況／建築計画を始めるために／デザイン計画について考える／デザイン計画を進めるために／身近な建築／現代の建築設計／建築計画の研究／他

2. 建築構造の力学
西川孝夫・北山和宏・藤田香織・隈澤文俊・荒川利治・山村一繁・小寺正孝著
B5判 144頁 定価3360円（本体3200円）（26872-0）

初めて構造力学を学ぶ学生のために，コンピュータの使用にも配慮し，やさしく，わかりやすく解説した教科書。〔内容〕力とつり合い／基本的な構造部材の応力／応力度とひずみ度／骨組の応力と変形／コンピュータによる構造解析／他

3. 建築の振動
西川孝夫・荒川利治・久田嘉章・曽田五月也・藤堂正喜著
B5判 116頁 定価3360円（本体3200円）（26873-7）

建築構造物の揺れの解析について，具体的に，わかりやすく解説。〔内容〕振動解析の基礎／単純な1自由度系構造物の解析／複雑な構造物（多自由度系）の振動／地震応答解析／耐震設計の基礎／付録：シミュレーション・プログラムと解説

〔続刊〕 4. 建築応用振動学

建築生産ハンドブック

古阪秀三総編集
B5判 724頁 定価33600円（本体32000円）（26628-3）

建築の企画・設計やマネジメントの領域にまで踏み込んだ新しいハンドブック。設計と生産の相互関係や発注者側からの視点などを重視。コラム付。〔内容〕第1部：総説（建築市場／社会のしくみ／システムとプロセス他）第2部：生産システム（契約・調達方式／参画者の仕事／施設別生産システム他）第3部：プロジェクトマネジメント（PM・CM／業務／技術／契約法務他）第4部：設計（プロセス／設計図書／エンジニアリング他）第5部：施工（計画／管理／各種工事／特殊構工法他）

地盤環境工学ハンドブック

嘉門雅史・日下部治・西垣 誠編
B5判 568頁 定価24150円（本体23000円）（26152-3）

「安全」「防災」がこれからの時代のキーワードである。本書は前半で基礎的知識を説明したあと、緑地・生態系・景観・耐震・耐振・道路・インフラ・水環境・土壌汚染・液状化・廃棄物など、地盤と環境との関連を体系的に解説。〔内容〕地盤を巡る環境問題／地球環境の保全／地盤の基礎知識／地盤情報の調査／地下空間環境の活用／地盤環境災害／建設工事に伴う地盤環境問題／地盤の汚染と対策／建設発生土と廃棄物／廃棄物の最終処分と埋め立て地盤／水域の地盤環境／付録

水環境ハンドブック

日本水環境学会編
B5判 760頁 定価33600円（本体32000円）（26149-3）

水環境を「場」「技」「物」「知」の観点から幅広くとらえ，水環境の保全・創造に役立つ情報を一冊にまとめた。〔目次〕「場」河川／湖沼／湿地／沿岸海域・海洋／地下水・土壌／水辺・親水空間。「技」浄水処理／下水・し尿処理／排出源対策・排水処理（工業系・埋立浸出水）／排出源対策・排水処理（農業系）／用水処理／直接浄化。「物」有害化学物質／水界生物／健康関連微生物。「知」化学分析／バイオアッセイ／分子生物学的手法／教育／アセスメント／計画管理・政策。付録

環境都市計画事典

丸田頼一編
A5判 536頁 定価18900円（本体18000円）（18018-3）

様々な都市環境問題が存在する現在においては，都市活動を支える水や物質を循環的に利用し，エネルギーを効率的に利用するためのシステムを導入するとともに，都市の中に自然を保全・創出し生態系に準じたシステムを構築することにより，自立的・安定的な生態系循環を取り戻した都市，すなわち「環境都市」の構築が模索されている。本書は環境都市計画に関連する約250の重要事項について解説。〔項目例〕環境都市構築の意義／市街地整備／道路緑化／老人福祉／環境税／他

風工学ハンドブック
—構造・防災・環境・エネルギー—

日本風工学会編
B5判 432頁 定価19950円（本体19000円）（26014-4）

建築物や土木構造物の耐風安全性や強風災害から，日常的な風によるビル風の問題，給排気，換気，汚染物拡散，風力エネルギー，さらにはスポーツにおける風の影響まで，風にまつわる様々な問題について総合的かつ体系的に解説した。強風による災害の資料も掲載。〔内容〕自然風の構造／構造物周りの流れ／構造物に作用する風圧力／風による構造物の挙動／構造物の耐風設計／強風災害／風環境／風力エネルギー／実測／風洞実験／数値解析

エース土木工学シリーズ
教育的視点を重視し,平易に解説した大学ジュニア向けシリーズ

エース土木システム計画
森 康男・新田保次編著
A5判 220頁 定価3990円（本体3800円）(26471-5)

土木システム計画を簡潔に解説したテキスト。〔内容〕計画とは将来を考えること／「土木システム」とは何か／土木システム計画の全体像／計画課題の発見／計画の目的・目標・範囲・制約／データ収集／分析の基本的な方法／計画の最適化／他

エース建設構造材料 (改訂新版)
西林新蔵編著
A5判 160頁 定価3150円（本体3000円）(26479-1)

土木系の学生を対象にした,わかりやすくコンパクトな教科書。改訂により最新の知見を盛り込み,近年重要な環境への配慮等にも触れた。〔内容〕総論／鉄鋼／セメント／混和材料／骨材／コンクリート／その他の建設構造材料

エース環境計画
和田安彦・菅原正孝・西田 薫・中野加都子著
A5判 192頁 定価3045円（本体2900円）(26473-9)

環境問題を体系的に解説した学部学生・高専生用教科書。〔内容〕近年の地球環境問題／環境共生都市の構築／環境計画（水環境計画・大気環境計画・土壌環境計画・廃棄物・環境アセスメント）／これからの環境計画（地球温暖化防止,等）

エース交通工学
樗木 武・横田 漢・堤 昌文・平田登基男・天本徳浩著
A5判 196頁 定価3360円（本体3200円）(26474-6)

基礎的な事項から環境問題・IT化など最新の知見までを,平易かつコンパクトにまとめた交通工学テキストの決定版。〔内容〕緒論／調査と交通計画／道路網の計画／自動車交通の流れ／道路設計／舗装構造／維持管理と防災／交通の高度情報化

エース道路工学
植下 協・加藤 晃・小西純一・間山正一著
A5判 228頁 定価3780円（本体3600円）(26475-3)

最新のデータ・要綱から環境影響などにも配慮して丁寧に解説した教科書。〔内容〕道路の交通容量／道路の幾何学的設計／土工／舗装概論／路床と路盤／アスファルト・セメントコンクリート舗装／付属施設／道路環境／道路の維持修繕／他

エースコンクリート工学
田澤栄一編著 米倉・笠井・氏家・大下・橋本・河合・市坪著
A5判 264頁 定価3780円（本体3600円）(26476-0)

最新の標準示方書に沿って解説。〔内容〕コンクリート用材料／フレッシュ・硬化コンクリートの性質／コンクリートの配合設計／コンクリートの製造・品質管理・検査／施工／コンクリート構造物の維持管理と補修／コンクリートと環境／他

エース測量学
福本武明・荻野正嗣・佐野正典・早川 清・古河幸雄・鹿田正昭・蜷岡 晃・和田安彦著
A5判 216頁 定価4095円（本体3900円）(26477-7)

基礎を重視した土木工学系の入門教科書。〔内容〕観測値の処理／距離測量／水準測量／角測量／トラバース測量／三角測量と三辺測量／平板測量／GISと地形測量／写真測量／リモートセンシングとGPS測量／路線測量／面積・体積の算定

エース水文学
池淵周一・椎葉充晴・宝 馨・立川康人著
A5判 216頁 定価3780円（本体3600円）(26478-4)

水循環を中心に,適正利用・環境との関係まで解説した新テキスト。〔内容〕地球上の水の分布と放射／降水／蒸発散／積雪・融雪／遮断・浸透／斜面流出／河道網構造と河道流れの数理モデル／流出モデル／降水と洪水のリアルタイム予測／他

ISBN は 978-4-254- を省略 （表示価格は2007年10月現在）

朝倉書店
〒162-8707 東京都新宿区新小川町6-29
電話 直通(03)3260-7631 FAX(03)3260-0180
http://www.asakura.co.jp eigyo@asakura.co.jp

修前と同じ「よく話をする人の周辺」や「部長秘書席」に拡大する．が，同じパタンの繰返しで見通しがきかない部員席の空間構成は，位置を特定しにくく「領域」が拡大しにくい．秘書は「利用通路」，「よく話をする人の周辺」，「トレーニング部」，「自席視野内の部員席」まで広がる．秘書は在席率が高く，行動範囲から視野に入る場所もよく記憶され，領域化されると考えられる．

これらをまとめると，「領域」の成立要因は次のように考えられる．
① 物理的空間構成上の定位のしやすさ
② 業務（組織）上のつながりのある人の位置
③ 業務や組織に関係なく「よく話をする人」の位置
④ 打合せスペース，コピー等，よく利用する場所の位置
⑤ 他者の在席率
⑥ 視野に入る頻度

「視野に入る頻度」は，在席率に関係する．在席率が高いと視野に入る範囲で他者と相互に視覚的なプライバシーを調整する必要がある．つまり，図2.2の「視覚的なプライバシー」を調整する機能を想定することができる．

c. フリーアドレスオフィスの人間行動と領域

個人の行動が組織や自分の座席に規定されないフリーアドレスの場合，個人の「領域」の特質が顕著に現れる．ここでは，フリーアドレスオフィスに現れる「領域」について，その現れ方，成立要因を考察し，個人固定席方式との比較をしながら，「領域」の機能を検討したい[10]．

1) フリーアドレスオフィスの人間行動

図2.7は，フリーアドレスオフィス（部長1名，4グループ18名，事務担当2名の計21名）を，就業時間中10分間隔で1週間インターバル撮影し，プロットした全員の全存在位置である．選択席にはプロクセミクス，パーソナルスペース理論に従った偏りが見られ，オープン席の端部4席や，クローズ席の並んだ2席の一方のみがよく使われる．自他のプライバシーを保持し，互いの干渉を避けるために可能な限り距離を保とうとする人間の性向である．

個人の選択を分析すると，4類型を抽出できた（**図2.8**）．オープン席に行動

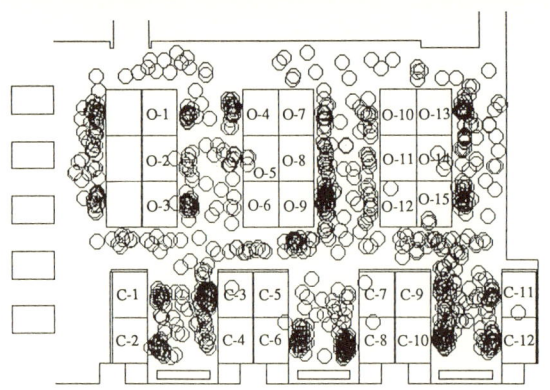

図2.7 執務者全員の調査期間中の全存在位置
O：オープン席，C：パネル付きのクローズ席，記号なし：事務担当者固定席．

が集中するオープン集中型（a），逆にクローズ席に集中するクローズ集中型（b），オープン席とクローズ席とを同程度に利用するOC均等利用型（c），クローズ席の方が多いクローズ偏重利用型（d）である．在席率の低い人は集中型になり，高い人はオープン席・クローズ席をともに使う傾向があるが，座席選択と個人作業の内容との関連は認められない．つまり，業務内容が同じグループ内でも類型が異なる人がいることから，座席選択の主な要因は，業務内容よりも個人の好みのような特性にあり，その範囲の中で，業務の内容や他者の選択席等によって移動が起こっていると考えられる．

2.1 執務スペースの人間行動とデザイン　69

(a) オープン集中型

(b) クローズ集中型

(c) OC均等利用型

(d) クローズ偏重利用型

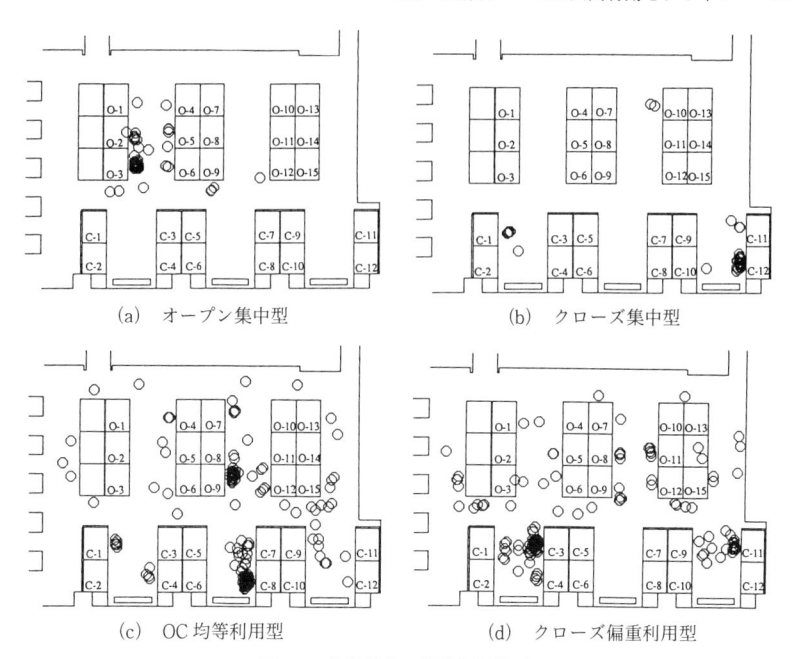

図 2.8　**各執務者の行動範囲類型**

表 2.1 は，実現 1 年後から半年間に，部長および A～C グループの 11 人が選択した座席を示したものである．1 か所の平均連続利用日数は 3.8 日で，休日や出張，外出等を考慮すると，席の移動はおおむね 1 週間ごとに起こる．

オープン席とクローズ席を「領域」の視点から比較すると，物的な空間構成によってクローズ席の方が視覚的なプライバシーを保ちやすく，領域化しやすいと考えられる．したがって，個人の対人関係調整能力から考えると，オープン席の利用が多い人ほど，対人的なプライバシーに対して寛大であり，物的構成によるサポートがなくても，調整が可能であると思われる．また，自らのプライバシーの侵犯以上に，他者との視覚的プライバシーの相互侵犯を通じてコミュニケーションの機会が多くなることを重視していると考えられる．実際，オープン席の利用比率が多い人ほど選択席数が多い．逆に，クローズ席が多い人は，物的空間構成をプライバシー確保に利用しているのである．

表 2.1 選択席と利用率・平均連続利用日数

グループ	名前	選択席数	主利用席数	O席利用率	C席利用率	平均連続利用日数
C	HM	2	1	100.0	0.0	8.2
B	MH	15	4	81.0	18.8	2.0
A	KW	14	5	78.6	21.5	5.0
C	KS	11	4	70.7	29.2	2.8
B	YY	12	6	69.0	31.1	1.9
A	TY	10	2	64.8	36.2	4.1
A	MI	11	5	51.7	48.4	5.2
M	HS	13	6	46.8	53.1	2.8
C	KK	8	4	41.5	58.4	6.9
C	KY	4	3	3.4	96.6	6.4
B	HN	5	2	0.0	100.0	4.5
平均値		9.1	3.8	55.2	44.8	4.5

＊主利用席数＝連続利用日数が全員の平均値よりも多い席．

2) フリーアドレスにおける領域とその機能

フリーアドレスのような共用空間の場合，「領域」は，他者とのコミュニケーションとプライバシーの調整機能により顕在化する．実際の場所選択により「自分の」と意識する範囲，他人が「その人の」と認識する範囲が顕在化し，そこから他者との「コミュニケーションが行いやすい場所」，「コミュニケーションの仕方を調整できる場所」，「視覚的プライバシーの調整が可能な場所」といった機能的な範囲が現れる．また，「領域」と物的空間構成の関係には個人特性が存在する．たとえば，広々とした席が好きで，パネルで囲われた席は嫌いという人，逆に視覚的プライバシーに敏感でパネルに囲われた席がよいという人，さらに，状況によってオープンとクローズとをうまく使い分けたい人等がいる．こうした個人特性を，レイアウト設計の事前に把握することができれば，適切に異なる空間を配置することで，執務者の満足度を向上できる．

d. フリーアドレスオフィスのプログラミング

「領域」に基づいて組織や個人にとって適切なレイアウトを計画できることを，フリーアドレスオフィスの実現事例をもとに明らかにしたい．「領域」によるプログラミングの方法である．プログラミングとは，現状の利用実態，立

地条件，類似施設，クライアントやユーザーの意見，施設で展開される事業計画等をもとに，施設計画における設計条件を設定するプロセスをいう．

1) 領域操作の考え方

「領域」に影響する物的要因を適切に配置して各個人の行動的調整性の機能をもつ「領域」を平面的に分散・拡大させれば，自分の場所を確保しつつ相互影響の機会を増すことができる．つまり，プライバシー確保とコミュニケーション活性化が同時に達成されるだろう．オフィスのレイアウト設計では，プログラミング段階で，現状調査の結果（与条件）から対象範囲，収容人員，収納家具・OA機器の台数，基本的な使い方ルールのほか，機能スペース（空間単位）の種類，数量・面積配分，機能的なつながり等を設計条件として設定する．そこで，空間単位の種類と数，機能的つながりによって，領域の操作を考える．

まず，既存オフィスで，各執務者の領域性の強さを空間単位の種類（たとえば，オープン席，セミクローズ席，クローズ席，OA席等）ごとに把握し，それをもとに各空間単位の種類の必要数を設定する．次に，全員分の必要数を集計し，按分・調整して各空間単位の数を設定する．これで各人の領域性の強い場所を適切な数設置できる．

「領域」を平面的に拡大させるには，まずオープン席を他の機能スペースや他の座席タイプの場所と隣接させる．オープン席は物的境界がないためコミュニケーションの機会を生じやすい．また，オープン席周囲が通路となり各対象者の利用機会が増し，領域化されやすくなる．クローズ席・セミクローズ席は，空間的にこもりがちになるが，これらの席をオープン席に隣接させることで利用や遭遇の機会を増やせば領域化されやすくなる．次に，個人用の資料棚をその人にとって領域性が強い座席タイプの場所からできるだけ離すことである．各自が選択した席から個人用資料棚までの動線は利用頻度が高くなるため，その間は領域性が強化されやすい．各自の選択席から資料棚への動線が長ければ，行動的調整性をもつ「領域」が拡大する．

2) 領域操作の実例

図 2.9 のような，ある国立大学の研究室（約 169 m^2）を対象に，事前の使われ方をもとに設計条件を設定して，改修し，事前事後を比較した[11]．

研究室は 15 名（助手 1 名，大学院生 14 名）が利用し，既存レイアウトでは「領域」への配慮はとくにない．

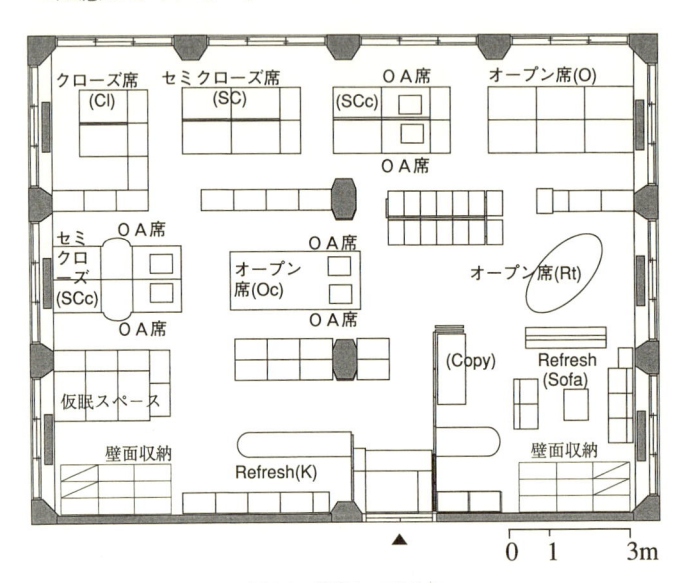

図 2.9　事前レイアウト

表 2.2　設定した機能スペース

- 個人/共同作業：
  - ＊ クローズ席（Cl）；隣合う机のない机で 2 方（前・横）をパネル（$H=1300$）等で囲まれた席
  - ＊ セミクローズ席（SC，SCc）；隣接する個人/共同作業席（机）があり 2 方以上を囲まれるか，または隣接する個人/共同作業席（机）がなく 1 方を囲まれた席
  - ＊ オープン席（O，Oc，RT）；隣接する個人/共同作業席があり前面にパネルがない席
- OA 作業　：OA 席/OA スペース
- 休憩　　　：Refresh（K）
- コピー　　：Copy（Copy）

個人/共同作業スペースは，パネルの有無，隣合う席の有無によって，理論的な組合せの数は，16 通りあるが，ここでは事前，事後レイアウトに含まれるもののみを示した．

個人の「領域性の強さ」は，インターバル撮影調査および執務内容・場所に関するアンケート調査の結果から得られた場所別の利用度をもとに求めた．領域性の強さを判別する「場所」については，各スペースの機能（個人作業，共同作業，OA作業，休憩）および物的空間構成によって**表2.2**のように設定した．

3) 設計条件と実現レイアウト

各個人について，個人/共同作業席のうち同じ座席タイプ（オープン席，セミクローズ席，クローズ席）ごとに領域性の強さ（◎，○，－）を読み取り，座席タイプごとに，領域性が◎の場所があれば1席，○と－のみであれば0.5席，－のみであれば不要とし，各座席タイプについて全員の必要座席数を求め，この割合を設計条件とした**(表2.3)**．O席：SC席：C席の比率は，12：11：3である（予算の都合上，OA席・コピーの数は操作できていない）．

表2.3 領域の広がり方と必要座席数比の算出

分類	対象者	オープン					セミクローズ				クローズ		OA
		O	Oc	Rt	総合	席数	SC	SCc	総合	席数	Cl	席数	席数
OSCA	TH(M1)	○	◎	－	◎	1	－	◎	◎	1	◎	1	◎	1
OSA	SI(D1)	◎	◎	◎	◎	1	◎	○	◎	1	○	0.5	◎	1
	EK(AR)	◎	◎	◎	◎	1	◎	○	◎	1	－	0	◎	1
	TY(M2)	○	◎	○	◎	1	◎	○	◎	1	－	0	◎	1
	HF(M1)	◎	◎	◎	◎	1	◎	○	◎	1	－	0	◎	1
	US(M2)	◎	○	◎	◎	1	◎	○	◎	1	－	0	◎	1
	HF(M2)	○	◎	○	◎	1	○	◎	◎	1	－	0	◎	1
OC	SU(M2)	○	○	○	◎	1	○	○	○	0.5	◎	1	◎	0.5
SA	KO(M1)	－	○	○		0.5	－	◎	◎	1	－	0	◎	1
O	YT(D1)	◎	○	◎	◎	1	○	○	○	0.5	－	0	○	0.5
	KY(M2)	◎	－	◎	◎	1	○	○	○	0.5	○	0.5	－	0
	NY(M1)	◎	○	◎	◎	1	○	○	○	0.5	－	0	－	0
A	TK(D3)	○	－	－	○	0.5			○	0.5		0	◎	1
	KN(M1)	－	－	－		0			○	0.5		0	◎	1
必要席数比						12				11		3		11

＊「分類」は，O：オープン，S：セミクローズ，C：クローズ，A：OA，を示したもの．
＊利用場所マップ記載箇所は，1ランク上げた場合．

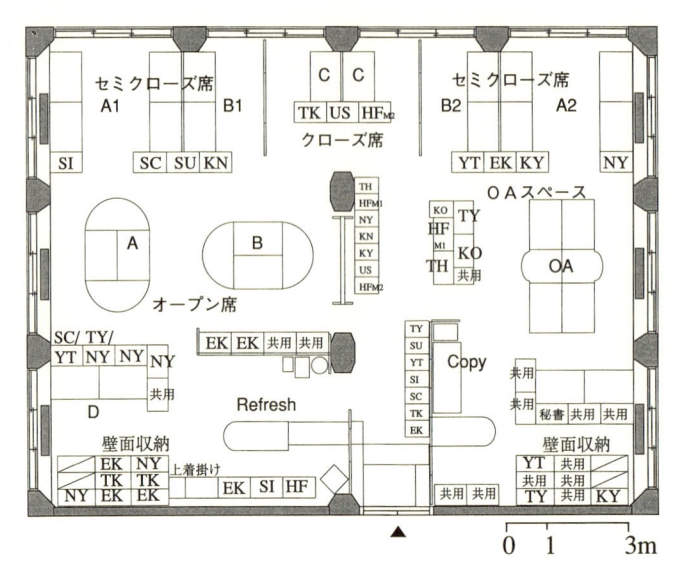

74　2. 環境デザインを支える仕組み

図2.10　事後レイアウト

図2.10が，実現したレイアウトである．半円机は2人でも使えるため1〜2席とするとオープン席は8〜12席，セミオープン席は12席，クローズ席は2席であり，前述の比12：11：3をほぼ実現している．個人用ワゴンの置き場となっている通路があるため，OA席，クローズ席とセミクローズ席の半分がオープン席と隣接していないが，個人収納家具は，データのある14人中9人は，条件を満たすように設置できた．

4）「領域」の広がり方の変化

表2.4は，実現したレイアウトでの「領域」である．事前と同様に，OSCA，OSA，SAの組合せはあるが，OC，O，Aはなくなり，OS，SCA，S，CAが増え「領域」が拡大している．

これをもとに必要座席数比を求めると，O：SC：C＝10：13.5：4.5となる．事前の実数ではO：SC：C＝14以上：8：2，条件ではO：SC：C＝12：11：3，事後の実数はO：SC：C＝8〜12：12：2であることから，提案した座席数比の設定方法は，実際の座席数に影響されるものの，傾向としては各執務者の「領域」を反映できているといえる．

表 2.4 「領域」の広がり方のパタン（事後）

分類	対象者	オープン A	オープン B	セミクローズ A1	セミクローズ B1	セミクローズ A2	セミクローズ B2	クローズ C	OA	Copy	Ref.
OSCA	EK(AR)	○	◎	—	◎	—	—	◎	◎	◎	◎
	TK(D3)	○	◎	◎	◎	—	—	◎	◎	◎	◎
OSA	NY(M1)	◎	◎	◎	—	—	—	—	◎	○	◎
	YT(D1)	◎	—	◎	◎	◎	—	—	◎	◎	◎
	SI(D1)	◎									
	TH(M1)										
	HF(M2)	—									
	HF(M2)										
OS	KY(M2)	◎	—	◎	—	—	—	—	○		◎
SCA	TY(M2)					◎	—	◎			
SA	US(M2)	—	◎					—		○	
	KO(M1)										
S	KN(M1)							—	○		◎
CA	SC(D2)	○							○	◎	◎
*)不明	SU(M2)	—	◎						○	○	◎

＊「分類」は，O：オープン，S：セミクローズ，C：クローズ，A：OA，を示したもの．
＊利用場所マップ記載箇所は，1ランク上げた場合．

5) プライバシー確保とコミュニケーション活性化への効果

表2.5は，「プライバシー確保」，「コミュニケーション活性化」について実施した利用者の満足度評価の結果である[12]．2種類の満足度調査（そのレイアウトの満足度，および1つ前とを比較した満足度[13]）を実施し，5段階（-2～+2）で尋ねた．

実験の都合で事前と事後の間に固定席のレイアウトを挟んでいるため，表2.5では，固定席時と事後の時点での各レイアウトの評価と，1つ前のレイアウトとの比較評価とを示している．また右端欄に事前・固定席・事後のそれぞれの評価の比較について考察した概要を示した．

「個人作業時の思考集中/プライバシー」は，事前と固定席時の比較評価を見ると固定席時の方が有意に高い．固定席時の評価と事後を比較すると，事後の方が有意に高いといえる．つまり，事前よりも事後の評価が高い．「共同作業時の意見交換/コミュニケーション」は，事前と固定席時との評価は変わらない．固定席時と事後との比較評価では有意に事後が高いことから，事前よりも

表 2.5 満足度評価アンケート結果の変化

設問項目		評価アンケート結果				事後-固定 (評価)	事前-固定 -事後の評価 比較
		固定席時		事 後			
		評価	前回比較	評価	前回比較		
個人作業：思考の集中/ プライバシー	平均値	0.26	1.00	0.86	0.13	0.60	事前
	標準偏差	0.85	0.89	0.88	0.80	0.88	＜固定席
	t	1.18	4.35*	3.78	0.63	1.87*	＜事後
共同作業：意見交換/コ ミュニケーション	平均値	0.86	0.20	0.80	0.60	−0.06	事前
	標準偏差	1.02	1.04	0.97	0.80	1.01	？＝固定席
	t	3.27	0.74	3.19	2.90*	−0.16	＜事後
全体のコミュニケーション	平均値	0.66	0.26	0.50	0.20	−0.16	事前
	標準偏差	0.59	1.06	0.70	0.74	0.66	？＝固定席
	t	4.33	0.95	2.77	1.05	−0.66	？＝事後

＊網掛け部は，統計的有意差がある結果．

事後で向上していると考えられる．つまり，「プライバシー確保」，「コミュニケーション活性化」に関して，「領域」操作の効果が有効であったことがわかる[14]．

e. 執務スペースデザインの課題
1) 空間のフレキシビリティと分節単位
　執務スペースで「領域」を考える場合，各個人の帰属集団の規模と，その集団に共通認識される場所の範囲が問題となる．フリーアドレスは現在ではすでに社会に浸透しているが，フリーアドレスの実現条件を領域的に見た場合，物的に明確な境界が存在しないオープンオフィスでは，共通の帰属意識をもつような集団の大きさを的確に把握して実施範囲を設定しないと，利用者の満足を得ながらフリーアドレスを効果的に運用することは難しい．

2) ネットワークとフレキシビリティ
　今やパソコン（パーソナルコンピュータ）といえども世界中のコンピュータとつながっている．パソコンはオフィスの必需品となった．しかし，パーソナルとは共用化の反対概念である．その結果，オフィスがフレキシブルへ共用へと向かう流れと，パソコンが個別へ専用へと向かう流れとが矛盾することにな

る．この問題は，ノートパソコンと無線 LAN が解決してくれた．高性能のパソコンを持ち歩くことができ，様々な場所でネットワーク接続できる．ただし，情報セキュリティが新たな問題となっている．

3) 個人作業とグループワークと仕事の場

執務スペースの作業は，個人作業と共同作業に大別できる．パソコンのネットワーク化は，グループウェア，ナレッジマネジメントという概念をもたらしグループ作業の可能性に期待がもたれている．しかし，対向島型の自分の席で，個人作業もグループ作業もコミュニケーションも行われていた日本では，共同作業，コミュニケーションは常に問題として取り上げられるだろう．単に，ブース型の個人ワークステーションにネットワーク機器を接続させるという方法では，日本のオフィス事情にはとうてい合わない．完全にコミュニケーションのスペースが不足する．個人作業の場と，グループワークの場のあり方が，問題となる．

4) フレックスワークにおける個人の自由と責任

時間・空間・組織におけるフレキシビリティが増すと，労務管理の問題が生じる．成果主義という結果重視・プロセス不問の策もあるが，実情は難しい．フリーアドレスも相当部分，個人の良識に存続を委ねられている．専横的な使い方でも，規模に余裕がある場合は問題が少ないが，場合によっては自由に使えるはずのスペースが先住者の専用スペースと化してしまう可能性がある．日本では，整理・整頓されない猥雑性の価値を自尊する輩もある．社会的存在として公共の利益を優先するか，個人の利益を尊重するかという問題でもある．

5) 設計プロセスへの位置づけ，プログラミング，評価について

実務では，プログラミングのプロセスが十分に行われることは少ない．大規模な建築物の場合は計画が入念に練られるが，実務設計では，プログラミング段階で，施主側組織に対する詳細な調査は難しいため，必要とされるスペースの機能や使い方について，施主側に質問をして把握することになる[15]．

オフィスの場合，入居組織があらかじめ存在していることが多いため，現状

を把握することが可能であり，現状の評価や実情の調査に基づいて入居組織に適切な設計条件をプログラミングすることで，より適切な空間・環境の創造へとつながるだろう．

［山田哲弥］

参考文献・注

1) ニューオフィス推進協議会：オフィス環境に関する調査—過去6年間のオフィス環境調査のまとめ，ニューオフィス推進協議会（1993）
2) Hall, E. T.：かくれた次元，みすず書房（1970）／Sommer, R.：人間の空間，鹿島出版会（1972）／Barker, R.: Ecological Psychology, Stanford Univ. Press（1968）／Scheflen, A. E.：ヒューマン・テリトリー，産業図書（1989）など
3) Lynch, K.：都市のイメージ，岩波書店（1968）／鈴木成文，栗原嘉一郎，多胡進：建築計画学5 集合住宅—住区，丸善（1974）／小林秀樹，鈴木成文：集合住宅地における共有領域の形成に関する研究（その1），日本建築学会論文報告集，第307号，pp. 102-111（1981）／小林秀樹，鈴木成文：集合住宅地における共有領域の形成に関する研究（その2），日本建築学会論文報告集，第319号，pp. 121-131（1982）など
4) 宮地伝三郎：アユの話，岩波新書，pp. 189-190（1960）を参照．領域性，テリトリアリティー（territoriality）という言葉は，「テリトリーをもつ性質」という意味の他に，「社会制度としてのなわばり制」という意味があるが，ここでは前者の意味でこの言葉を用いる．
5) 渋谷昌三：テリトリー感覚を生かすなわばりの深層心理，創拓社，pp. 170-173（1983）には，次のように記述されている．「日本のオフィスでは，部屋の中央寄りに机が部課ごとにまとまって配置されます．〈中略〉課長や部長がヒラ社員のほうを見渡す机の配置です．部や課などの組織としての仕事が重視されるために，このような机の配置になっているのでしょう．〈中略〉二次的ななわばりを効率よく機能させるためには，この机の配置が適しているといえます．」この場合，家族がつくる縄張りを一次的ななわばり，社会的集団によるなわばりを二次的ななわばりとしている．
6) Alexander, C.: A Pattern Language, Oxford Univ. Press（1977），平田翰那訳：パタン・ランゲージ—環境設計の手引，鹿島出版会，p. 80（1984）を参照
7) Alexander, C.: A Pattern Language, Oxford Univ. Press（1977），平田翰那訳：パタン・ランゲージ—環境設計の手引，鹿島出版会，pp. 213-214（1984）を

参照
8) Sundstrom, E. and Sundstrom, M. : Work Places—the psychology of the physical environment in offices and factories, Cambridge Univ. Press（1986），黒川正流監訳：仕事の場の心理学－オフィスと工場の環境デザインと行動科学，西村書店，pp. 371-373（1992）を参照
9) 山田哲弥：執務スペースのイメージに現われる領域に関する研究，清水建設研究報告，第55号，pp. 125-138（1992）を参照
10) 山田哲弥：執務空間における領域に関する研究－空間共用の建築計画的考察－，東京大学学位論文，pp. 98-108（1996）を参照
11) 山田哲弥，井上　誠，嶋村仁志：フリーアドレス・レイアウトにおける領域操作の効果，日本建築学会計画系論文集，第486号，pp. 69-78（1996）を参照
12) 平成4～6年度科学研究費補助金（試験研究B1）研究成果報告書「FMによる研究室整備の実践的研究」（1995），嶋村仁志，井上　誠，山田哲弥，山本　茂：研究執務スペースの有効利用と質の向上に関する研究（その1）－ユーザーの満足度評価からみたフリーアドレス方式の効果－，日本建築学会大会学術講演梗概集，E，建築計画・農村計画，pp. 845-846（1994）を参照
13) Sundstrom, E. and Sundstrom, M. : Work Places—the psychology of the physical environment in offices and factories, Cambridge Univ. Press（1986），黒川正流監訳：仕事の場の心理学－オフィスと工場の環境デザインと行動科学，西村書店，p. 283（1992）では，前者を事前事後研究（before and after-studies），後者を回顧研究（retrospective studies）と呼んでいる．
14) ここでは，レイアウト改修による「プライバシー確保」と「コミュニケーション活性化」における利用者満足度の向上を「領域」という側面から説明したが，これらの満足度の向上には様々な要因が影響しており，単純に「領域」の強化・拡大の効果だけではない．一般にこのような「現場研究（Field Studies）」では，実験室実験と異なり，結論とした相互関係が，測定されていない要因の影響によるという可能性が必然的に残される．
15) 太田利彦：建築の設計方法に関する研究，東京大学学位論文（1970）のDERTネットワークにおけるA13建物の使用方法や，嶋村仁志：企画設計におけるプロセス区分の構造と機能に関する研究，京都大学学位論文（1991）における発注意図の確認（R）など

2.2 環境の創造性を支えるマネジメント

建築の設計は，人の発想を引き出して空間のかたちとしてまとめていく過程である．それを集団で行うのが設計組織で，チームや組織として設計を行う場合には，様々な能力をもった個人の力を設計チームとしてどのように結集させていくのか，個からの発想をどのように引き出して集団・チームとして意思決定していくのかという課題がある．単体の建築から都市や地域の開発まで，設計対象の幅は広く，要求される建築の機能が複雑になり複数の組織が1つのプロジェクトに関わることも増えている．そこでは，組織と設計チームのつくられ方や設計の進め方に，設計組織の創造性を支えるマネジメントとしての様々な工夫が施されている．

設計組織や設計チームという言葉は，それぞれに異なった意味で使われている場合がある．特定のプロジェクトに対して集められたメンバーだけを設計チームとし，ルーティンジョブには固定したメンバーで対処するために，とくにそのメンバーが設計チームであるという認識をもたない組織も多い．設計部の「課」や「部」を設計チームと呼んでいる組織もある．組織とは，組織学によると「第一義的に，目標を達成させるために，多少とも計画的に考案された協同的活動をともなう人間の社会的行為の単位」[1]と定義されている．これを設計組織に当てはめて考えると，設計事務所や設計施工会社の設計部，官庁の営繕部局などの上位の組織からプロジェクトごとに集められる設計チーム，さらに，住民参加の設計であれば，住民・行政・設計者が協同してつくられる集団までを含むことになる．つまり，設計チームは上記の意味で設計組織の範疇に入る．

この項では，設計組織の構造をシステムと捉えてプロジェクトを設計組織へのインプットの1つであるとすると，そのインプットに対してどのように設計組織が機能しアウトプットとしての設計チームをつくり出すかという視点で設計組織を捉えるということで，設計組織と設計チームとを次のように区別して用いる．設計組織は，設計事務所や設計施工会社の設計部，官庁の営繕部局な

どの上位の組織を示すものとする．これに対して，あるプロジェクトの設計プロセスに関わる人のまとまりを設計チームとする．つまり，受注されるプロジェクトごとに設計チームがつくられているということになり，特別なプロジェクトを除いては，設計チームに参加している人達は同時に他のプロジェクトの設計チームのメンバーになっていることにもなる．

また，設計チームがつくられるときには，その組織構成の中でチームのメンバーが選び出されて組み合わされる．必ずしも，設計室や設計部を構成しているすべての設計者の中から自由にメンバーが選ばれるのではなく，設計室や設計部の中にチームを編成する枠組がつくられていて，限定された集団の中からメンバーが組み合わされているものや，逆に，設計室や設計部の枠を越えて比較的大きな枠組が設定されている組織がある．つまり，設計チームとして組み合わされるメンバーの境界ともいえるものが，それぞれの設計組織ではある程度決められている．これは，組織表や組織図として明示されているものではないが，設計チームをつくるに当たって考慮される境界である．設計室や設計部の中にあるこの「まとまり」の大きさをどうするかは，設計チームをつくるときの自由度をどの程度に保つかに関わっている．ここでは，この「まとまり」を「組織単位」と呼ぶことにする．この組織単位がそれぞれの設計組織でどのように設定されているかを捉えることは，設計組織の設計チーム形成の仕組みの違いを解明する手がかりの1つになると考えている．

a. 設計組織が設計チームをつくる

設計組織では，プロジェクトごとに設計チームがつくられたり，プロジェクトの属性に柔軟に適合するように組織構成が工夫されるなど，設計対象に対して高度の専門性を保持しながらもプロジェクトの個別の状況に対応できるような組織がつくられている．現在，設計組織を取り巻く環境はより複雑になっている．これまでも，1人の設計者がすべての設計行為に対応できていたわけではないが，市民を巻き込んで地域の設計が行われたり，クライアント側も設計をサポートする組織をもつなど，より多くの人達が設計に関与する機会が増えている．さらに，多くの人の関与と設計機能の高度化・多様化は，設計の完成までにより複雑なプロセスを必要とする．

たとえば，設計の場に設計者以外の専門家・参加者が加わることがある．とくに，高度な専門的知識を必要とするバイオテクノロジーの研究所や工場の設計，音楽や演劇の上演者・観客からの条件設定が重要な要件になるホール・劇場の設計，高度に進歩した医療技術にみあった空間条件が要求される病院の設計などには，それぞれの設計対象に専門的な知識をもった人達の関与が必要となる．また，地域住民や地域のユーザーを取り込んで展開されるような住民参加の設計プロセスでは，立場の異なる人達の意見をコーディネートしていくという新たな役割が発生して，設計者が設計者として本来もつ役割とは異なった役割を担うことになる場合もある．

設計組織は，そのような状況に対応できるように新たな機能と構造をつくり出すことになり，同時に広がる設計環境の中で生存・発展していくための新しい市場を開発する試みも進めている．そこでの設計チームのつくられ方には，効率のみに規定された組織のあり方では捉えきれない独自の仕組みがある．このような設計組織の構造・設計チームのシステム形成には，多くの設計対象に対して高度の専門性を保つこと，設計者の個性の発揮と設計の質の確保につなげていくこと，設計の責任と意思決定の仕組みを組織として位置づけること等の課題に対して設計組織が対応した結果が，現在の組織のかたちとそのマネジメントに現れている．

b. 設計結果の質と個性を保つ

実際の設計では，設計規模や敷地がひとつひとつ違っており，そこで必要とされる空間機能は同じ種類の建築であってもまったく同一にはなりえない．設計競技のように同一の設計条件が与えられて設計を進めていく場合もあるが，このような同一の条件をもったプロジェクトで，しかも設計組織や設計プロセスが同じであっても，そこで生み出される設計の結果は異なる．また，同じメンバーが設計チームを組んで同じ設計条件で設計をしたとしても，結果は異なる．つまり，設計の過程では同一の条件から出発してもまったく異なる設計結果が生み出され，設計組織の構造・設計チームの構造とつくり出される設計とに一義的な関係を捉えることはできない．このことを設計プロセスでの多結果性と呼ぶことができる．この多結果性は，個人や設計チームの個性と創造性の

発揮と見ることもできるし，設計の質がばらつくと考えることもできる．

　設計組織が質の高い建築を実現するためにも，この個人や設計チームの個性を育てていくことは欠かせない要件である．一方，このような設計の結果にばらつきが出ないように，設計の質を一定レベル以上に保っておく仕組みが設計組織の重要な機能でもある．様々な条件や事情をもつプロジェクトに対して，その質を確保できるように設計組織は構成されねばならない．これは，組織がもつべき自己安定性という機能である．

　この設計プロセスでの多結果性と組織の自己安定性とは，一見矛盾した機能のように思えるが，設計組織のシステムではこの2つの特徴的な機能がバランスを保ちながら共存している必要がある．いいかえれば，設計プロセスでの多結果性は設計の個性の実現に関わるもので，設計の質の確保すなわち組織の自己安定性を高めることによって実現される．このバランスは，設計組織の全体構成のあり方，個々の設計チームのつくられ方，設計プロセスの組み立てを考えるときの大切な課題である．

　設計組織が競争的な環境の中でプロジェクトの獲得を目指している建築設計では，設計結果の個性・創造性が重視される．そのために，多くの設計組織では，異質な設計チームや組織単位を組織内につくるということが行われている．デザインを重視する少数精鋭の設計チームをつくったり，個性ある設計者を組織内に組み入れてその個人を中心にプロジェクトチームをつくったりしている．そして，それらの設計チームや設計者には，重要なプロジェクトを集中させたり，組織からの意思決定への拘束を緩めて，その自律性を担保している．また，組織内に複数の対立した組織単位をつくることで，意図的に組織としての個性の違いを認識させて，組織の中に競合関係をつくり出しているものもある．これは，特定の設計チームや設計者を突出させることで組織の多様性を確保しようとすることとは対照的に，設計組織全体の力の均衡を保ちながら，組織の個性を広げる試みである．設計結果の個性を設計者なり設計チームの個性に求める場合と，組織自体が設計結果の個性を全体として制御しようとしている場合とにその戦略が分かれている．

　この異質な設計チーム・組織単位は，自律した動き方をしながら設計組織を取り巻く環境の情報を全体のシステムに伝えるという役割（環境の写像として

の役割）をもっていることも特徴である．

c. 設計対象のもつ多様性

設計組織は，対象とするプロジェクトの属性に対応して，その構成を機能分化させている．たとえば，設計部門をホテル・レジャー施設，教育施設，事務所・事業施設，文化社会・研修施設，商業施設，ハウジング，生産施設，流通施設，医療施設，などに分けている設計組織が多い．これに対して，クライアントとの対応（個人の専門分野を明確にせずにどのようなプロジェクトにも対応できるようにする）によって，または設計対象が都市的な広がりをもっている場合は複雑な様相を強くもってくるために，このような設計対象別の機能区分を明確にしない組織も出てきている．また，設計組織では，定常的に同一種類のプロジェクトが発注されることは少なく，むしろ，様々な設計対象のプロジェクトを同一の組織システムで，少数の設計チームで処理していくことが必要になる．たとえば，高齢者の設計をしている設計チームが事務所や流通施設を設計することもあるだろうし，生産施設を担当する設計チームがスーパーマーケットのような大型商業施設を設計する場合もある．それぞれのプロジェクトに適合したかたちに設計チームを組み立てていくことが必要になる．

設計対象の専門性に対応して組織を細かく分けている分化度の高い組織では，そこに属する設計者が1つの専門性に偏るという固定的な状況が生まれる．高度に専門的な技術をもつ設計者が，さらに専門的なプロジェクトを経験することで，その経験と知識とが個人に蓄積されていく．とくに，このような組織では，個別のプロジェクトに対する建築的な解が似てしまうという，設計結果の同質化の傾向が増幅されて，そのために設計結果の質に関わる問題も起こる場合がある．このことは，設計者個人の設計に対する動機づけが希薄になることも意味していて，とくにデザインの質を高くしようとしている設計事務所では，このような個人の専門性への固定を避けるために，意識的に複数の専門領域を統合して，個人が特定の専門領域に偏らないような構造をもつものがある．人事のローテーションで対応しようとする組織もある．

このように，設計チームの組み方や設計集団をつくりだす組織の仕組みが，設計対象の多様性に適応するように考え出されなければならないことになる．

マーケット組織という名前をつけて専門分野別に細かく組織の単位を分けている構成をもつ設計組織(分化的な傾向をもつ)は,構成要素の数を増やすことによって環境とのバランスを保とうとしている.逆に,専門性がはっきりしていないか複数の専門分野をもった単位で構成している設計組織(統合的な傾向をもつ)は,構成要素の関係を入り組ませることによって環境への適応を目指しているのである.

d. 情報の伝達性と蓄積力とのバランス

組織の構造は,組織内部の情報伝達(コミュニケーション),組織と環境との情報伝達の仕組みであると考えられる.それはまた,組織内部では,設計チーム内の個人と個人,個人と設計チーム,設計チームと設計チームをつなぐものであり,意思決定のプロセス(意思決定+構造決定のプロセス)に情報を提供する役割をもっている.情報の過多,欠落,歪み,負のフィードバックを回避して,適正な情報の伝達と集積が行われることが設計組織のシステムの課題となる.実際には,プロジェクトや設計プロセスに関する情報は,個人や設計チームのレベルで留まっていることが多く,情報自体がもっている以下のような特殊性によって組織としての共有・蓄積には,大きな壁が立ちはだかる.扱う情報が言葉ばかりではなく図形言語も含まれること,必要とする情報は設計の実行プロセスに関する情報ばかりではなく設計チームの形成や構造変容に関わる情報でもあることから,情報を認識しにくいし記録することも難しい.

このような情報を組織として蓄積するためには,設計の作業以外の大きな労働力が必要になる.それに対して,組織形態によって情報の蓄積力を確保して,個人が経験の中で蓄えた情報や専門的な知識を,組織として共有しようとする試みは,多くの設計組織で行われている.病院や工場・研究所などのように高度な専門情報と知識を必要とするものがあり,それらの情報を組織内部に蓄積することが必要になる.そして,実際のプロジェクトから得られた情報は利用価値が高く,プロジェクトの経験を組織に一元化して集積することが試みられている.

専門性の高い情報が個人や設計チームに蓄積されてはじめてその流動性の確保につながると考えると,組織構成は設計機能が統合された傾向を強める.反

対に，専門性の高い情報が組織として蓄積されることがまず必要でそれを個人や設計チームが自由にアクセスすることを目指すと，設計機能別の傾向が強い組織構成になっていく．プロジェクト指向の強いマトリックス構造をとる設計組織では，部門間の設計情報の共有と情報の蓄積力が大きな課題になっている．設計の個性でも問題になったが，情報の蓄積を個人にゆだねるのか組織で共有するのかという2つの対極の方向の間で，設計組織の構造が考え出されているのである．

e. 意思決定の共有

　設計チームでの設計では，意思決定者が誰（個人か集団か）で，担当するプロジェクトやプロセスに対して責任をもつメンバーをどのように決めておくかが，設計システムの重要な要件となる．これは，設計プロセスの中での設計チームとしての意思決定の方法に関わり，設計プロセスやチームで設計するときの設計結果の質を大きく左右するものの1つであろう．集団で意思決定を行うときには，集団分極化現象（リンゲルマン効果（集団思考における責任分散，手抜き）とリスキーシフト（集団思考が極端な言動に走る傾向））のように，決定される内容が，その集団がもっている価値基準によって偏る傾向があり，設計組織にあっても例外ではない．

　たとえば，設計チームでヒエラルキーのない対等なメンバーが意思決定をするような場合には，大勢の意見が集団の最小公倍数にしかならない，つまり，保守的な内容に偏り，新しい試みや斬新なデザインは否定されやすいということは設計者の経験的な知見である．このような組織では，デザイン会議・デザインレビューのような組織での設計のチェック機能を，プロジェクトの実現性や空間の質のチェック等に限って，設計の個性への影響力を意図的に弱めている場合も多い．また，日常の設計者相互のインフォーマルなチェック機能を大切にしたり，組織単位内だけのデザインチェックの機能をつくったりと，デザインに関する意思決定の主体を，なるべく個人や小さな集団に限定している．

　また，設計における意思決定には，合理的な判断ができる部分と合理的な判断に置き換えられない部分とがある．多様な個人の集まりである設計チームにあっては，そのための価値基準が柔らかく共有されていることが必要である．

それは，設計組織内での教育によってつくられるものであろうし，いくつかの設計プロセスをこなしていくという組織の中での経験によって獲得されるものであるかもしれない．

設計組織では，複数の「人」の関与の仕組みとして，設計内容や設計の進め方に関する意思決定が行われ，設計が実行されている．そこでは，それぞれの設計者が設計集団の中にあって，それぞれの立場と役割についての認識が共有されている．この意味で，設計組織は，個人が設計集団への帰属と意思決定を行う組織のかたちを認識する仕組みをもつ．つまり，組織部門や設計チームの「まとまり」や設計者の役割を組織内で認識させ，組織としての強い一体感を与え，設計チームとして活動しやすい「場」を形成しようとするものである．このような例として，「SDチーム」，「大きな房」，「設計組織の中の組織」，「4つの設計事務所の集合体」というように，組織の部門が全体の設計組織から自立していることを各メンバーに認識させている例や，設計チームでの意思決定者，設計プロセスの管理者に名称をつけ，その認識性を高めている例もある．意思決定内容と設計内容とを共有する「場」には，デザイン会議があるが，これは本来の意思決定の機能とともに，設計チーム内での意思決定と設計内容とを設計組織全体で共有するための仕組みを担っていることが多い．

このように，設計組織の組成は設計組織を取り巻く環境への適応結果である．統合された組織構造をもつ設計組織は，構成要素の関係を入り組ませることによって環境に適応し，細かく分化された組織構造をもつ設計組織は，構成要素の数を増やすことによって環境とのバランスを保とうとしている．どちらの形態をとるかについては，明確な条件はその時々の対応に任せられている．しかし，分化と統合の組織構造は有利不利な点を合わせもっているために，それぞれの組織構造は安定ではなく，この分化と統合の状態の間を振り動くように，大小の組織変容を繰り返している．

f. 設計組織のマネジメント事例

以上のように，設計組織には設計の創造性と質を支えるマネジメントの仕組みが存在している．

建設会社K社で設計を担う人材は900人を超える．そのうち570人が独立

した設計組織である建築設計本部を構成しており，様々な依頼先からの設計案件に携わっている．以下に，この設計組織の組織構成の考え方，組織運営の工夫を述べ，日々変化していく市場の変化に対応しながら設計のパフォーマンスを高め，依頼先の満足を勝ち得ていく設計組織のマネジメントの事例として紹介する．

1) 設計の現場から―集合住宅の設計事例

　東京都港区の，周囲を運河に囲まれた工場・操車場跡地（通称：芝浦アイランド）が都心居住の先駆的なまちとして生まれ変わった．M社を中心としたディベロッパーと設計施工を担当したK社，島全体のデザインガイドラインを担当したデザインアーキテクト，そのほかにランドスケープアーキテクト，インテリアデザイナーなど環境創造に関わる様々な専門家が集まり，まちづくりが行われた．芝浦アイランドは，6.4 ha の敷地に4棟の超高層マンション（約3000戸）を中心に，老人施設，医療施設，商業施設，飲食施設，広場，運動施設，プライベートガーデン，遊歩道，船着場などの一体となったまちとしての環境が形成されており，様々なライフスタイルに応じた住戸の計画とともに，充実した共有部（ギャラリー，キッズルーム，ジムなど），緑と運河が一体になった快適な外部環境，運河に面する商店や飲食店，居住者のクルーザー利用など都心居住のエンターテイメントとしての魅力が折り込まれた新しいまちが提案された．このまちづくりは，環境創造として新しいモデルを提供したばかりでなく民間の開発事業として大成功を収めた．

　こうした総合的な環境創造の場でのK社の設計チームには，集合住宅を設計する高い専門性——多様な住戸の平面計画，空間と構造の適合（住戸内に梁型が出てこない），設備の多様性（将来の更新を担保した設備計画，スケルトンインフィル），安心・安全の確保（耐震，防災，防犯など），環境対応（ゴミの処理），対官折衝，コスト対応など——に加え，デザイン提案力と他の専門家と協働して設計をまとめ上げるコーディネーション能力が必要とされる．

　1つの建物対象（レパートリー）で組織が蓄積した技術・ノウハウがベースとなり，依頼先はもとより他の専門家と協働し，市場で高く評価される設計が行われた．こうした経験は設計組織に新しい蓄積を形成するとともに設計者の

能力を育成・強化し，設計組織としての評判（ブランド）をつくっていく．

次に，以上の実例で見たレパートリーに基づくK社の組織構成・運営の工夫（組織のマネジメント）を述べる．

2) マトリックス構造の設計組織

K社の設計本部では建築意匠・構造・設備の専門分野別組織と建物対象別のレパートリー制とのマトリックス構造の組織運営を行っている．ねらいは，建物の対象に精通したノウハウの蓄積・情報の活用と人材の育成である．大組織が様々な依頼先からの多様な設計案件を効率的に高いレベルを維持しながら遂行していくために到達した組織マネジメントである．

設計は建築意匠設計，構造設計，設備設計の3つの職能が協働し建築意匠設計者のリーダーシップの下に遂行される．いわゆる組織としてのヒエラルキー（上司・部下の関係）はこの3つの職能を軸に構成されている．建築設計統括グループ，構造設計統括グループ，設備設計統括グループの3つの大きなグループがあり，それぞれの職能で組織としての管理，情報伝達，評価，人事等が行われている．一方で職能をもとにした個々のグループは，事務所，ハウジング，教育・医療，商業・宿泊，生産施設の5つの建物種別（レパートリー）のどれかを担う複数の統括グループより構成されており，設計プロジェクトは設計本部全体の運営会議でレパートリーに基づき担当者が決定される．設計チームは上記のレパートリーを担当している統括グループから建築意匠・構造・設備の担当者が選任されチーム編成がなされ，実際の設計が行われる．このように，各職能ごとのスペシャリストとしての専門性を重視した組織のマネジメントとレパートリーを横軸とした組織横断的なチーム編成（専門家の選任）による設計プロジェクトの実施が並立したマトリックス構造の組織をなしている．レパートリーを基軸とした設計の遂行（以下，レパートリー制という）によりそれぞれの職能にスペシャリストとしての経験が蓄積されていき，あわせて市場が求める新たな課題を捉えた問題解決・研究開発が行われ，新しい技術が蓄積されていく．統括グループは統括GL（グループリーダー），統括GLの下に複数のGL，GLの下にチーフ，スタッフの構成（3〜10人）で特定のレパートリーを担当している（**図2.11**）．

90　2. 環境デザインを支える仕組み

建築設計本部　570人

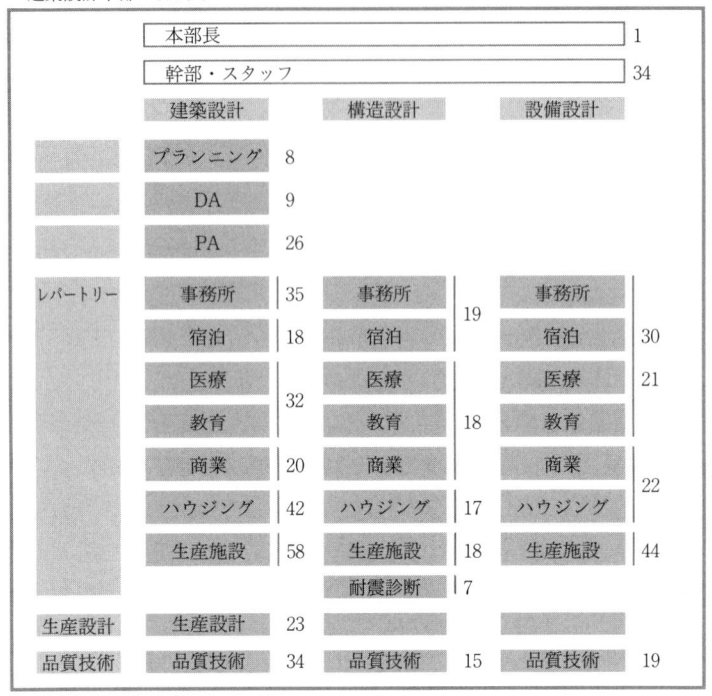

	建築設計		構造設計		設備設計	
本部長						1
幹部・スタッフ						34
	プランニング	8				
	DA	9				
	PA	26				
レパートリー	事務所	35	事務所	19	事務所	30
	宿泊	18	宿泊		宿泊	
	医療	32	医療	18	医療	21
	教育		教育		教育	
	商業	20	商業		商業	22
	ハウジング	42	ハウジング	17	ハウジング	
	生産施設	58	生産施設	18	生産施設	44
			耐震診断	7		
生産設計	生産設計	23				
品質技術	品質技術	34	品質技術	15	品質技術	19

図 2.11　組織の構成（K社建築設計本部の例）

3) 情報の共有

　以上に見たように，レパートリー制は個人を専門家にする組織構造である．個人は，設計者の本性として，自分しかもたない専門知識については，公開せずに自分のノウハウとして内包しようとする．これに対し，統括GLの下にナレッジマネージャーがついて，個人の経験や知識，レパートリーで要求される品質情報などを横断的に集めデジタル化（ナレッジデータベース）して，組織のホームページ上で開示している．設計者個人が情報を抱え込んでいた状況が変わりつつある．40代より若い世代は，情報に関しては開放的に動いている．ナレッジマネージャーの存在，および情報の電子化によって，個人が抱え込んできた情報を開示させることにつながっている．

　さらに，ミニセッションという会議体がある．これは，インフォーマルな情

報交換の仕組みで30代の中堅層の自発的な集まりから始まった．自分の仕事やプロジェクト，および技術の発表を行う月2回開催される会議で，全員が年1回は発表するようにしている．毎回20人くらいの人達がミーティングに参加している．発表内容はホームページに載せて本部内の人間であれば誰でも閲覧可能な状態になっている．

4) **組織のデザイン力を強化する**―PA・DA制度，プランニンググループ

レパートリー制により特定建物対象別の専門家を育成する一方で，レパートリーを限定せずに設計プロジェクトを実施する組織単位がつくられている．それをPA（プロジェクトアーキテクト）と称する．PAは，設計者としての問題解決能力・デザイン力に優れた経験豊かな40〜50代のGLが選任されており，その下の構成メンバーは，若手から40代までの1チーム3〜4人から10人までで構成されている．PAはレパートリー制の設計チームと協働し主導権をもって，代表的なプロジェクトを担当する．建設会社の設計部として計画の安定性や質の高さ，デザイン性，コストの適切な配分など外部の評価に応えるレベルの高い設計の実現を目指している．

このPAとともに，デザインの強化を担っているのがDA（デザインアソシエートグループ）である．能力をもった若手の人材を集めて，コンペプロジェクトや代表的なプロジェクトはもとより様々な設計プロジェクトのデザイン段階を支援するグループである．PAはプロジェクト初期の段階から最後までを担当するが，DAはプロジェクトの初期のデザインを担当するために，多くのプロジェクト経験を積むことができ，とくにコンペへの対応についての知見や知識を蓄積することができる．

DAは35歳くらいまでの若手を中心に入社後2〜3年の若い世代を加えて構成している．DAは，コンペ案件に関わらずレパートリーの各プロジェクトのニーズに応じデザインの局面のサポートとして入っていく．DA制度導入の初期段階では，遊撃隊としてデザインのサポートをするこの仕組みに対しレパートリーを担当するGLからかなりの反発があった．現在では結果として設計の質を高めることが実績として認識され，十分に機能している．DA制度は若手人材の育成の役割も担っている．入社後2〜3年の若手は，経験を広げられる

ように多くの人の下で設計を経験しいろいろな人のスタイルを学ぶようにしている．DAに配属されると，コンペ，実プロジェクトにかなりの頻度で参画するので，アシスタントやデザインパッケージ制作などいろいろな経験をする．このようにDAとレパートリー制は強くリンクしていて，DAの経験者が将来的にGLとなってデザインの質を上げ組織全体の設計を担う中心になっていくことが企図されている．

　レパートリー制が専門家の育成を通じた経験・ノウハウの蓄積と活用による設計の質の維持を意図するのに対し，DA制はデザインにおける個性の発揮と若手人材の育成を，PA制は建築家としての個性・能力の発揮を，それぞれ組織の力にすることを意図している．

　さらに，都市的規模の開発コンペなど大規模プロジェクトのプロジェクトメイク段階では，社内外の事業開発部門との連携など特有のコーディネーション能力，開発手法検討さらには企画構想段階での構想力・デザイン力が求められるため，プランニンググループという，レパートリーを限定しない組織単位を設けている．このグループは顧客から寄せられるあらゆる種類の大規模開発の企画構想提案に特化したグループで，プロジェクトの内容に応じてPAやDA，各レパートリー担当と協働し得意先が求める企画構想提案を短期間に行っている．

5) 設計の質の確保

　上記のように実際の設計業務の中で一定以上の設計の質がつくり込まれていくことに対し，設計本部の幹部による設計審査：DR（デザインレビュー）で質の担保を行っている．設計プロセスの中で，基本設計の終了前にDR1，終了後にDR2，実施設計の完成後に検図としてのDR3が行われている．また，DA，PAが入る重要プロジェクトでは設計の進捗を通して組織的に設計のチェックを行うDB（デザインボード）が運営されている．デザインが固まる前の初期の段階から設計方針の確認をする目的で，DBでデザインの方向確認を継続的に行うもので，本部長を中心に担当者と討議を重ねながらデザインの方向を決めていく（図2.12）．

2.2 環境の創造性を支えるマネジメント

	受託時	基本計画・基本設計	実施設計	施　行	竣工後
		DB (デザインボード) 建築系幹部によるJOBのデザイン方針の確認			
	JOB 運営会議	DR1　　DR2 建築DR 構造DR 設備DR	DR3 (検図) 申請検図 見積検図 契約検図	着工時説明会 中間検査 竣工検査	竣工DR
	方針設定	総合品質等の具体策　実施への移行確認	設計検証	工事監理	検収・評価・FB
審査目的	JOB運営方針 JOB担当者 重点管理項目	総合品質・概算等の　DR1のフォロー 確認及び各系DRに　概算の確認 て専門技術確認　　実施設計移行の確認	設計図書 の確認	工事の確認・ 検査	竣工JOBの検収・ 評価・FB 顧客満足度調査
開催時期	設計受託時	基本計画初期　　基本設計終了時	実施設計	施工	竣工後3か月以内
対象JOB	全JOB (コンペ を含む)	全JOB (コンペ 　　　一般設計JOB を含む)	一般設計JOB	一般設計JOB	一般設計JOB
審査メンバー　建築設計本部	○	○　　　　○	○	○	○
他部署	—	○　　　　○	○	○	○

図 2.12　設計プロセス(K社　建築設計本部のJOB運営フロー)

　また，専門性の高い経験をもっている幹部メンバーをプリンシパルアーキテクトと位置づけて，こうした設計審査のメンバーとして参加させている．

　設計の質の確保のための試みとして，設計の初期段階から施工情報を前倒しで取り込み，品質・工期・コストのコントロールと設計図面の完成度の向上をはかってきた．生産設計グループは，建築生産の一貫性をさらに強化するための，建設会社ならではのメリットを生かした組織単位である．

[鞆田　茂・西村伸也]

参 考 文 献

1) 松本和良：組織変動の理論，学文社（1974）
2) 日本建築学会編：設計方法Ⅳ　設計方法論，彰国社（1981）
3) 湯本長伯：設計の方法及びシステムに関する研究—建築の設計作業を計画・管理するための概念モデル—，早稲田大学学位論文（1981）
4) Schön, D. A., *et al.*: *Special Issue on Design Research*, Butterworth Scientific Limited, **5**(3)（1984）

5) 加護野忠男,野中郁次郎,小松陽一,奥村昭博,坂下昭宣:組織現象の理論と測定,千倉書房,pp. 225-253 (1978)
6) Simon, H. A.:意思決定の科学,産業能率大学出版部 (1979)
7) 秋山哲一他:建築主機能の類型化,「建築生産と管理技術」シンポジウム,第4回 (1988)
8) Rogers, D. L. and Rogers, E. M.:組織コミュニケーション学入門・心理学的アプローチからシステム論的アプローチへ,ブレーン出版 (1985)
9) 公文俊平:社会システム論―社会科学総合化の試み,日本経済新聞社 (1978)
10) 飯尾 要:システム思考入門,日本評論社 (1986)

2.3 コミュニティ・カフェによる暮らしのケア[1]

a. 「素人」によって開かれる喫茶スペース

　近年，子ども，育児中の親，高齢者，障害者など他者に依存的であるとされている人々をケアしようとする思いがきっかけとなり，地域の人々が運営する喫茶スペースが各地に同時多発的に生まれている．このような喫茶スペースでなされているケアとは人々への配慮，関心，気遣いを背景とした暮らしの様々なお世話であり，けっして，専門的な技能を要する看護や介護がなされているわけではない[2]．けれども，このような場所を訪れると，従来の施設では実現されてこなかったような豊かな場所になっていることにまず驚かされる．

　それぞれの喫茶スペースには，その場所に（いつも）居て，その場所を大切に思い，その場所（の運営）において何らかの役割を担っている，場所の主（あるじ）ともいうべき人物が存在する[3]．ここで注目している喫茶スペースの主は，（建築計画学の）専門家ではない「素人」であることが多いが，地域はどうあればよいのか，場所をどのように運営すればよいのかについて確固たる考えをもっていることにも驚かされる．

　千里ニュータウンの近隣センターの空き店舗を改修して開かれた「ひがしまち街角広場（以下，街角広場）」の代表であるA氏は次のように話している[4]．

[A] ニュータウンの中には，そういう何となく過ごせる，みんなが何となくぶらっと集まって喋れる，ゆっくり過ごせるっていう場所はございませんでした．そういう場所が欲しいなと思ってたんですけど，なかなかそういう場所，こういう地域で確保することができなかったんです．

[A] 顔だけは知ってたけど，どこのどんな人か詳しく知らない人もいっぱいいますよね．そんな人たちも，ここで知り合った人もいっぱい．

　ニュータウンは，地域の暮らしを構成するものとしていくつかの機能を想定し，それぞれの機能を担う施設を設置していくことによって計画された街である．けれども，千里ニュータウンに数十年間暮らし続けてきたA氏の言葉は，

このような施設の集積として街を計画するという考え方に疑義を提するものである．つまり，ここで注目している喫茶スペースは，求める場所が従来の地域施設体系から漏れ落ちているのであれば，自分達でそのような場所をつくってしまおうという思いから開かれた場所であるという側面をもつ．各地の喫茶スペースがどのような思いで開かれたのかを聞く度に，地域の人々が切実に求める場所が，なぜ従来の地域施設体系からは漏れ落ちていたのかと考えさせられる．

したがって，このような喫茶スペースは従来のビルディングタイプの枠組みにはあてはまらない．そこで，ここでは暫定的に「コミュニティ・カフェ」と呼ぶこととする．ただし，この呼称もけっして定まったものではなく，「まちの縁側」，「交流の場」，「街角の居場所」，「サードプレイス」などと呼ばれることもある[5]．

以下で議論するのは，このようにまだ名前も定まっていないような場所であるため，それがどのような場所であるのかが十分に知られていないと思われる．そこで，議論の共通前提とするために，まずコミュニティ・カフェとはどのような場所であり，そこではどのようなことが実現されているのかをみていくこととする．コミュニティ・カフェは「素人」によって開かれている場所ではあるが，（建築計画学の）専門家にとっても注目に値する場所であるという認識を共有できればと思う．その後で，どのような考えがこの注目すべき場所の運営を成立させているのかを見ていくこととする．

b. 3つのコミュニティ・カフェ

ここでは「親と子の談話室・とぽす（以下，とぽす）」，「ふれあいリビング・下新庄さくら園（以下，さくら園）」，「街角広場」という3つのコミュニティ・カフェに注目する．これらのコミュニティ・カフェは次のような目的で開かれている．

- ・「ΤΟΠΟΣ/とぽす」はギリシャ語で「場所」の意味．年齢・性別・国籍・所属・障害の有無・宗教・文化等，人との付き合いの中で感じる壁を取り払った交流を目指しています．/……，「ことば」の大切さを味わうコミュニケーションを「とぽす」で経験してみませんか．

- ふれあいリビング「下新庄さくら園」は，高齢者が気軽に出入りして，いろんな人と交流したり，さまざまな活動に参加することで，ふれあいのある生活が送れることを目的につくられた施設です．/下新庄地域の方がだれでも使える場所です．高齢者の方はもちろん，若者も，子供も，この場所を活用してふれあいのあるコミュニティを育てていきたいものです．
- 地域の交流スポットひがしまち街角広場/地域のみんなで運営している，「街角広場」/散歩の途中に，買い物帰りに，コーヒー・紅茶等を飲みながら，「ちょっと休憩」しませんか？　どなたでも，自由に，気軽に，お立ち寄りください．

「交流」，「コミュニケーション」，「ふれあい」という言葉が用いられていることから，コミュニティ・カフェは地域の人々が互いに接触できる機会を提供し，それを通して人々の暮らしのケアを実現しようとする場所であるといえる．

1) 「親と子の談話室・とぽす」

「とぽす」は今からおよそ20年前の1987年4月に開かれたコミュニティ・カフェである．当時の子ども達は校則に縛られた毎日を過ごしており，また，自分の親と先生という[S]「利害関係が大いにある」大人としか接していなかったという．子育てを通してこうした子ども達の姿を見続けていたS氏は，思春期の子ども達にはゆっくりできる場所，様々な大人と出会える場所が必要だという思いを抱くようになったと話している．ただし，当時は子ども達が喫茶店に入ることは校則で禁止されていたため，[S]「(もしも事件が起きたら)私が全部責任持ちます」と学校と交渉することによって，子ども達が入れる学校公認の喫茶店が実現された．「とぽす」はこのようなS氏の個人的な思いがきっかけとなって開かれた「子供だけでも入れる図書コーナー付きの喫茶店」である(図2.13)．オープン当初の「とぽす」へは子ども達が訪れ，居合わせた大人ともおしゃべりできる場所になっていた．けれども，20年にも及ぶ運営を通して「とぽす」を訪れる人は変化しており，今では30～50歳ぐらいの人が訪れることが多い．ただし，いまでも学校帰りの子ども達が水を飲みに立

98　2.　環境デザインを支える仕組み

開設年	1987年4月14日
所在地	東京都江戸川区
スタッフ	S氏（女性）
運営日時	月曜日～土曜日　11：00～18：00
建物	S氏が知人に設計を依頼
面積	約65 m²
メニュー	○ブレンドコーヒー：400円 ○カフェ・オ・レ：450円 ○紅茶：400円 ○ランチタイムサービス：980円 　（12：00～14：00） ○ヤングタイムサービス：200円 ○その他各種飲み物と軽食

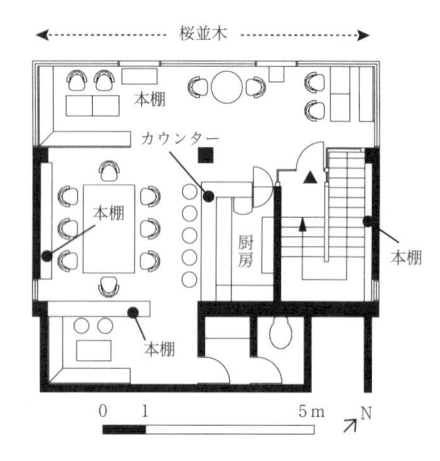

図2.13　「親と子の談話室・とぽす」

ち寄ったり，子どもの頃「とぽす」を訪れていた人が大人になって再び「とぽす」を訪れることもある．また，精神的な病をもつ人が訪れる場所にもなっており，このような人々との出会いを通して「精神の病をもつ人とのコミュニケーションの場」[6]である「とぽす響きの会」という集りが開かれるようになった．

　「とぽす」を訪れる人々は，[S]「大勢だと『さっきは「とぽす」らしくなかったね』とか言って，そっと誰もいない時に入って来るっていう方が多い」という．S氏も，大勢の人々が訪れるような場所ではなく，[S]「ここは誰にも教えたくない場所なんだっていうのが「とぽす」らしいかなと思います」と話している．

2) 「ふれあいリビング・下新庄さくら園」

　現在，大阪府では，「ふれあいリビング」という，府営住宅に住む高齢者が住み慣れた住宅に少しでも長く暮らし続けることを支援するための場所を整備する事業が進められている。「ふれあいリビング」は，事前に予定を立て鍵を借りてから利用する府営住宅の集会所と異なり，いつでも気軽に立ち寄れる「協同生活の場」と位置づけられており[7]，「さくら園」は「ふれあいリビング」の第一号として2000年5月に下新庄鉄筋住宅に開かれた場所である（**図2.14**）[8]。

　「ふれあいリビング」の整備事業においては，コミュニティをゼロから築く

開設年	2000年5月15日
所在地	大阪市東淀川区
スタッフ	約15名の女性ボランティア 運営委員長はW氏（女性）
運営日時	月曜日～土曜日　9:00～16:00
建物	既存の集会所とは別に新築
面積	約75 m²
メニュー	○コーヒー：100円 ○紅茶：100円 ○ジュース：100円 ○ハーブティー：150円 ○トースト：100円 ○ゆで玉子：30円

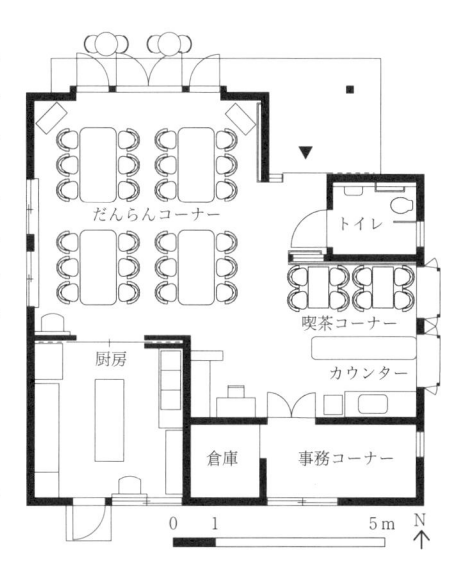

図2.14　「ふれあいリビング・下新庄さくら園」

のではなく「既存のコミュニティを発展させること」が狙いとされている[7]。そのため，府営住宅の自治会活動を発展させるというかたちで整備事業がすすめられていく．ただし，「さくら園」では自治会という枠にとらわれることなく，府営住宅の居住者以外の人々でも中に入りやすいようにと，府営住宅の一番端の敷地に新築されるという配慮がなされている．なお，「さくら園」の建物は府の財政的な支援を受けて新築されているが，テーブルや椅子の購入，および日々の運営は府の財政的な支援を受けることなく，地域の人々の手によって行われている．このようにして開かれた「さくら園」は，府営住宅内外から1日に40人ほどの高齢者が訪れる場所になっている．

3)「ひがしまち街角広場」

2000年に千里ニュータウンの1住区である新千里東町が国土交通省の「歩いて暮らせるまちづくり事業」のモデルプロジェクトの対象地区に選定された．「街角広場」はこの事業がきっかけとなり，近隣センターの空き店舗を生活サービスと交流の拠点として暫定的に利用するという半年間の社会実験として開かれた場所である（図2.15）[9,10]．

2001年9月にオープンした「街角広場」は，当初は豊中市の財政的な支援のもと，社会実験として半年間だけ運営されることになっていた．けれども，運営の継続を求める声に応えて，半年間の社会実験終了後は豊中市の財政的な支援を受けることなく地域の人々の手による［A］「自主運営」がなされている．その後，利用していた空き店舗の賃貸契約が終了したため，2006年5月からは同じ近隣センターの他の空き店舗に移転して運営が継続されている（図2.16，2.17）．また，2007年6月には，使われていなかった「街角広場」の2階に「NPO法人 千里・住まいの学校」および「(株)太田博一建築・都市デザイン」の事務所が開かれた．

「街角広場」では「お気持ち料」100円でコーヒーや紅茶が提供されている．「とぽす」や「さくら園」のように軽食は提供されていないが，食べ物は自由に持ち込むことができる．「街角広場」には1日に40人ほどの人が訪れており，その中心は高齢者だが，学校帰りに水を飲みに立ち寄るなど子どもも日常的に出入りしている．

2.3 コミュニティ・カフェによる暮らしのケア　101

開設年	2001年9月30日
所在地	大阪府豊中市
スタッフ	約15名の女性ボランティア 代表はA氏（女性）
運営日時	月曜日〜土曜日　11：00〜16：00
建物	近隣センターの空き店舗を改修
面積	約30 m²（移転前） 約75 m²（移転後）
メニュー □は委託販売	○コーヒー：100円 ○紅茶：100円 ○日本茶：100円 ○カルピス：100円 ○ジュース：100円 ※100円という「お気持ち料」はあくまでも目安の料金である □クッキー：100円 （遊ゆうかぼちゃのお家） □生ケーキ：100円（ふるる） □マドレーヌ：80円（ふるる） □竹酢液・竹炭：300円 （千里竹の会） □千里の絵葉書：50円 （千里グッズの会）

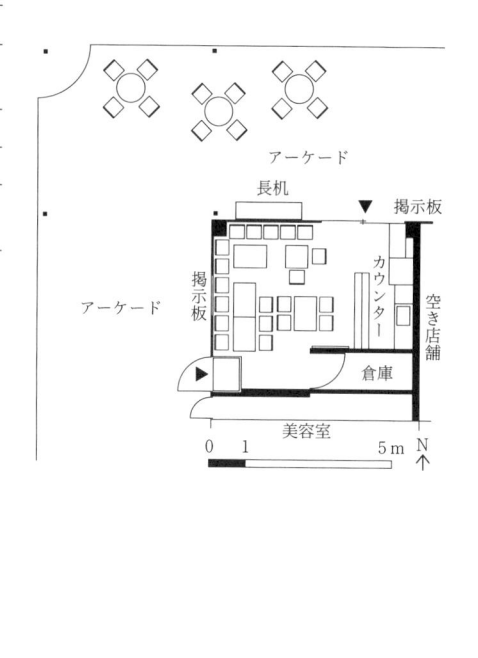

図 2.15　「ひがしまち街角広場」

c.　地域の人々にとってのコミュニティ・カフェの意味

　3つのコミュニティ・カフェはオープンの経緯や運営の体制がそれぞれ異なっている．それにも関わらず，これらの場所が地域の人々にとってもつ意味に

図 2.16 「街角広場」移転の様子
移転作業は地域の人々や近くの小学校の校長先生をはじめとする多くの人々の手助けによって行われた．

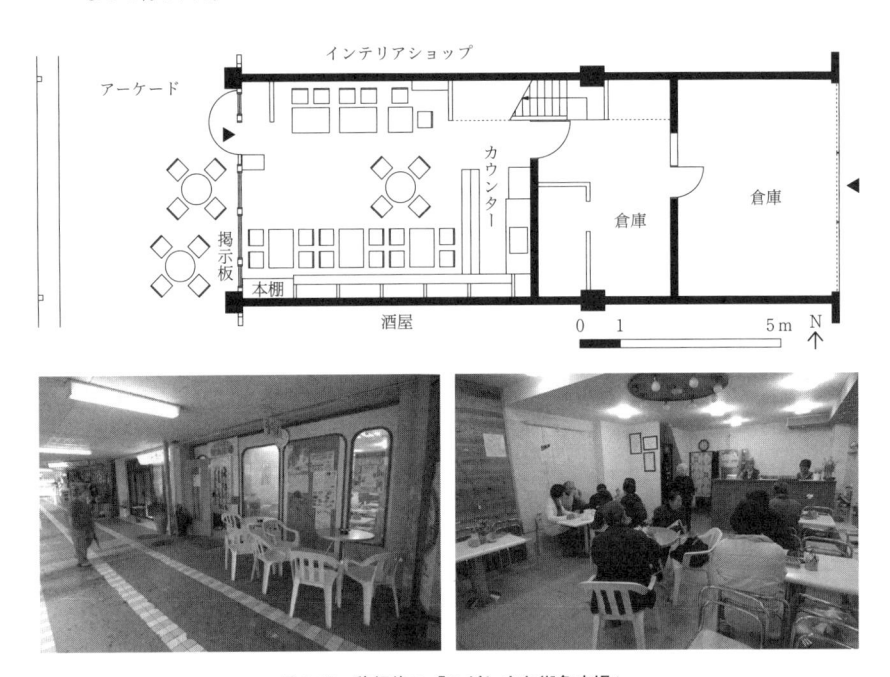

図 2.17 移転後の「ひがしまち街角広場」

は，次のように共通する点が多い．

1) 思い思いに居られる場所

コミュニティ・カフェと同じように，地域の人々が互いに接触できる機会を

提供することを目的とする施設には集会所や公民館がある．

けれども，あらかじめ予定を立ててから，何らかの活動に参加するために訪れる集会所や公民館と異なり，コミュニティ・カフェは気が向いたときにふらっと訪れ，ゆっくりと過ごせる場所になっている．コミュニティ・カフェを訪れた人は，友人同士で，あるいは居合わせた人々や運営するスタッフとおしゃべりすることができる．そうしたおしゃべりには加わらず，他の人々のおしゃべりに耳を傾けたり，1 人で本や新聞を読んだりすることもできる．このように，コミュニティ・カフェは人々が思い思いに居られる場所になっている．

2) 自分なりに関わることのできる場所

コミュニティ・カフェではそこを訪れる人々がお菓子などを差入れ，それを居合わせた人に振る舞うことがある．写真や絵画を展示したり，食器やテーブルの後片付けを手伝ったりすることもある．このように，コミュニティ・カフェはそこを訪れる人々が客として思い思いに居られるというだけでなく，積極的に運営に関わることで何らかの役割を担えるなど，自分なりに関わることが許容される場所になっている．

3) 気軽に活動を始めたり参加したりできる場所

3 つのコミュニティ・カフェは様々な活動が行われており（図 2.18），こうした活動に参加するために，あらかじめ予定を立ててからコミュニティ・カフェを訪れる人もいる．この場合，コミュニティ・カフェは集会所や公民館と同じような意味をもつ場所になっている．

ただし，コミュニティ・カフェで行われている活動はあらかじめプログラムが固定されたものばかりではない．たとえば，「とぼす響きの会」は参加者が順番に［S］「精神病ってどうしてなるんだろうとか，どんなことが一番苦しいかとか……，仕事をしたいんだけども長続きしないとかね，そんな色んなことを，こう，とりとめもなくしゃべる」という集りである．また，「さくら園」の「小物作り」について W 氏は，［W］「だからテーマとしてね，何をしましょういうの出してないんですわ．ここに来たら何やろなっていうような，そういうやり方でやってるから……，ここへ来て『何［やるの］？』っていうよう

とぽす	○聖書を読む：第1土曜 ○生と死を考える会：第4月曜 ○とぽす響きの会：第3木曜 ○絵手紙教室：毎週水・木曜 ○とぽ花の絵展：毎年5月 ○とぽすとその仲間展：毎年9月 ○クリスマスの集い：毎年12月 ○教育/子育て/こころの病の相談：随時（予約制）	街角広場	○街角土曜ブランチ（「千里・住まいの学校」と共催）：第1土曜 ○たけのこ祭り：毎年4月 ○周年記念行事：毎年10月 ※16：00以降および日曜祝日は500円で貸し切り利用が可能 ※「写真サークル・あじさい」、「東丘ダディーズ」、「千里竹の会」、「千里・住まいの学校」、「千里グッズの会」などが活動や集まりのために利用している
さくら園	○社協アワー ・抹茶の日：第1木曜 ・ぜんざいの日：第3木曜 ○食事サービス：第3月曜 ○小物づくり：第1月曜 ○府営住宅の文化祭：11月（5月） ※16：00以降および日曜祝日は1500円で貸し切り利用が可能		

図2.18 コミュニティ・カフェにおける活動
「とぽす」では，自身も個展を開いているS氏が絵手紙を教えている（左）．「街角広場」と「千里・住まいの学校」との共催による「街角土曜ブランチ」の様子（右）．

な感じ」で行っていると話している．

またA氏が次のように話しているように，「街角広場」は事前の手続きなしで自由に借りることができ，時間を気にせず夜遅くまで利用できる．

[A] まぁ団地にあります集会所っていうのは，要するに目的がきっちりしていて，申し込んでおかないと使えないんですね．「街角広場」っていうところは便利なところで，「今日の夕方これに使いたいねんけど，貸して欲しい」って飛び込んで来た人にもすぐに貸せるような状況です

ので，そういう利用もあります．

　さらに，喫茶と並行して行われている活動や成果が発表されている活動があるため，お茶を飲みに訪れた人々はそこで行われている活動に触れることができる．このことが新たな活動を生むきっかけになることもあり，「街角広場」では，展示されていた写真をみた人が，このような写真を撮れるようになりたいと希望したことがきっかけとなり，写真を展示していた人が講師をつとめる「写真サークル・あじさい」が生まれている．

4）地域の人々と顔見知りになれる場所

　コミュニティ・カフェでは運営を通して人々の新たな関係が築かれている．このことは，コミュニティ・カフェが，あらかじめ親しい関係にある人同士で過ごすだけの場所でも，人々が互いに何の関わりももたずに過ごす場所でもないことを表している．

[S] 何か，ここ，だからね，家族っていう感じかな．そんなんなっちゃうんだよね，みんなね．

[W] 日常生活の中で，1回や2回のふれあいっていうのはたくさんありますやん，どこでも．そういうなふれあいと違って，私らの中で，ほんとに家族みたいなふれあいになってる……だから，互いに心配し合ったり，思わずかわいいって，愛おしいっていうんかな，……

　このように，コミュニティ・カフェで築かれている関係は家族にたとえられることもある．また，家族にたとえられるような関係だけでなく，顔見知りという中間的な関係も築かれている[11]．学校帰りに水を飲みに立ち寄るなど，子ども達も日常的に出入りする「街角広場」においては（**図2.19**），子どもと高齢者という異世代の顔見知りという関係が築かれている．

[A]「街角」へ来れば子どもも出入りする．そしたら自然と年寄りとか色んな年代の人が来ますから，そういう人との接触の中で自然に顔見知りになって，道で会っても話をする，挨拶をするっていう場所ができてくるだろうと思ったら，やっぱりそのようになってきたみたいで，……

　鈴木は，従来の計画論では「都市におけるコミュニティや社会関係」が，「架空の下町などをモデルにした擬似的コミュニティ」か「お互いの交渉がな

106　2. 環境デザインを支える仕組み

図 2.19　子ども達にとっての「街角広場」
「街角広場」は，「お水ちょうだい」と学校帰りの小学生が水を飲みに立ち寄るなど，子ども達も日常的に出入りする場所になっている．

いような都市」というかたちで想定されることが多く，社会的関係が一面的にしか捉えられてこなかったのではないかと指摘している[12]．このように一面的に捉えられた社会的関係からは，ここで注目している中間的な関係が抜け落ちている．けれども次のように，中間的な関係は人々にとって欠かすことのできないものであることが指摘されている．山崎は「一方に都市の無関心の砂漠が広がり，他方に無数の小市民の排他的な家庭が貝のように閉じているのが，現代である」が，「両者の中間に社交というもう一つの関わりかたがあり，それは命を賭するに値するものだということを人びとが忘れ去って久しい」と述べている[13]．セネットは，「親密さとは，……普通の生活における一つの専制的支配であ」り，都市は「他の人々を人間として知らねばという強迫的な衝動なしに人々と一緒になることが意味のあるものになるフォーラムでなければならない」と述べている[14]．鷲田は「第三者というのは，基本的に無責任だからよいところがあります．……無責任だけれども関心だけはちゃんと持ってくれていて，『やぁ，どうしてる』程度の言葉をかけてくれるところが，いいわけです」と述べている[15]．

　もちろん，コミュニティ・カフェで築かれた中間的な関係がその後より親密な関係へと変わっていくこともありうる．けれど重要なのは，中間的な関係にある他者との接触が生まれているということであり，中間的な関係が中間的な関係のままであることが許容されるということである．つまり，たとえ親密な関係が築かれることがなくとも，地域の人々が顔見知りになれる場所であると

いうこと自体に，コミュニティ・カフェが地域に開かれていることの積極的な意味があるのである．

5）様々な助けを求めることができる場所

コミュニティ・カフェは緊急の問題が生じたときに助けを求めて駆け込むことができる場所になっている．

[S] 何かあった時は駆け込むっていう，問題解決の場所．

[W] 今ね，ここね，ふれあいの場所でありながらね，団地のね，全体の団地のうちの中の拠点，色んな何［こと］を言って来る場所，それから駆け込み寺みたいに，何て言うの，緊急の場所にもなってます．

W氏は，お風呂のガス湯沸かし器をならしっぱなしの人がいるという連絡があったため，慌ててその現場に駆けつけたことがあったと話している．A氏は，電気とガスをとめられて「街角広場」にお湯をもらいにやって来た人に，何度かお湯をあげたことがあったと話している．

ただし，地域の人々への手助けがなされるのはこのような緊急を要するときだけに限られるわけではない．

[A] 人の一時預かりもしてます．「ちょっと家掃除するから，車椅子のこのおじちゃん預かってて」．「子ども，ちょっと買い物行くから，この子どもら2人置いといていいですか」って，「どうぞ」言うと，遊んでますそこで，お母さん買い物に行ってる間．何でも一応できることは，やれてしまうんですね．

このように，コミュニティ・カフェは日々の暮らしの中で生じてくる様々なことにその都度応えてくれる場所になっている．

6）地域の情報が集まる場所

コミュニティ・カフェでは地域の様々な情報が提供されている．「街角広場」では，［A］「せっかくだから，ここを起点として学校の情報を外に出すことを考えたらどうですか？」というA氏の呼びかけによって，掲示板には近くの小中学校の学校通信が掲示されている．他にも地域新聞やイベントのお知らせなど，「街角広場」の掲示板には様々なものが掲示されており，期日の過ぎた

掲示物を整理するのが毎朝の仕事になっているとA氏は話している.「とぽす」では保健所と連携することによって, 精神的な病をもっていて, これから通院しようとしている人に対して, [S]「こういうとこ行ったらいいよ, ああいうとこ行ったらいいよ」という情報が提供されている.

ただし, コミュニティ・カフェに集まる情報はこのように意識的に提供される情報に限られない. 地域の人々が出入りするため, 人々の出入りに伴って必然的に様々な情報がもたらされることになる. こうした情報はおしゃべりをしたり, あるいは, 他の人々のおしゃべりを耳にしたりすることによって地域へと広まっていく. [A]「地域の情報の交差点」と言い表されているように, コミュニティ・カフェは様々な情報が集まり, やりとりされる場所になっている.

このことに加えて重要なのは, 地域の様々な情報が集まってくる場所になっているがゆえに, [A]「直接誰に言ってわからないことを, ここで大きな声で叫べば誰かが聞いてくれる」というように, コミュニティ・カフェが開かれていること自体が, あそこに行けば何かわかるかもしれない, 何とかなるかもしれないという, いわばメタレベルの情報を人々に提供しているということである.

小規模でささやかな場所であるにも関わらず, コミュニティ・カフェは地域の人々にとって豊かな意味をもつ. 鈴木は, 近代の計画論の背景にある「生活の機能と施設を対応させる」考え方に対して, 「施設と生活の関係はもっとルーズで多重的なもの」だと指摘しているが[16], まさに, コミュニティ・カフェは地域の人々にとって「ルーズで多重的な」意味をもつ場所になっている.

次に, このようなコミュニティ・カフェがどのような考えによって運営されているのかをみていく.

d. コミュニティ・カフェの運営を支える考え
1) いつでも開いているお店として運営する

3つのコミュニティ・カフェは週6日, つまり, ほぼ毎日運営されている.

[A] 始めた時の趣旨としましては, 何はともあれ, 毎日する. ……週に1

回とか，月に何回というのは，誰でもいつでも行ってみようかなと思った時に行けない，自由に出入りしてもらえない．……いつでも行ったら開いてるという安心感が一つの目的で毎日やっておりました．

A氏は「街角広場」を毎日運営することの意義をこのように話している．開いていないような場所であれば集会所と変わらないから，わざわざ「さくら園」を運営する意味がないと話すW氏も，[W]「誰かがおってくれるいうのは安心なんでしょうねぇ」と，「さくら園」にはいつも誰かが居るということが地域の人々に安心感を与えていると話している．

一方，各地のコミュニティ・カフェは，お店のように代金を支払って飲物を注文する場所だけではなく，無料で飲物を振る舞ってもらえる場所や，訪れた人が自分で飲物をいれて飲む場所もある．飲物を提供するということだけをみても，各地のコミュニティ・カフェの運営方法は様々である．このように様々な運営方法がみられるが，ここで注目している3つのコミュニティ・カフェはいずれもお店として運営されている．

[S] 大人の私が1人で子どもに関わるっていうことよりも，ここに来る大人たちが子どもにそれぞれの立場で関わって欲しい，その方が豊かになるんじゃないかと思って，で喫茶店にしたんです．そうすると，喫茶店にはお客さんとして大人が来ますよね．

S氏は，お店として運営することに決めた理由をこのように話している．「さくら園」では，オープン1周年の記念として飲物の無料サービスを行ったところ好評であったため，2年目も同様のサービスが行われた．けれども2年目になると，無料だったら気の毒だからと話す人もおり1年目よりも訪れる人が少なくなったという．そのため，以後は無料サービスをやめたとW氏は話している．

生活の機能と施設とを一対一で対応させる計画論においては，商業施設は人々が商品を売買する場所という観点からのみ注目されることになる．けれども，3つのコミュニティ・カフェをみれば，お店，すなわち商業施設が地域において様々な意味を担っていることは明らかである．もちろん，商業施設が商品の売買という機能を担うだけの場所でないことはこれまでも指摘されてきたことである．ただし商業施設と一口にいっても，飲食店や小売店といった店舗

の種類や，個人経営かチェーン展開されているのかという経営のかたちなど，商業施設には様々なものがある．そこで考察を一歩進めれば，人々のどのような接触が生まれているのかという観点から商業施設を分類し直していくことが可能であり，また必要になってくると思われる[17]．

2) あらかじめ運営内容を固定してしまわない

3つのコミュニティ・カフェでは様々な活動が行われている．けれども，これらの活動のすべてがオープン当初から行われていたわけではない．先にみたように，「街角広場」では展示されていた写真がきっかけとなって「写真サークル・あじさい」が生まれていた．[S]「入ってくる人によって動かされて，色んなイベントが誕生していった」．「とぽす」で行われている活動についてS氏はこのように話している．

「さくら園」は元々喫茶を中心とする場所として開かれることが計画されていたが，地域の人々から[W]「100円コーヒー」の売り上げだけでは運営を維持できないという意見が出されたため，食事会や趣味のサークル活動，会議などに貸すことのできる「だんらんコーナー」と，食事サービスやイベント時の料理づくりなどに貸すことのできる「厨房」がもうけられることになった．このような経緯で平面プランが決定されたが，[W]「蓋開けてみたら，喫茶の方が満員だから」というように，運営が始まってみると喫茶が予想以上に好評であったため，今では「だんらんコーナー」も喫茶の場所として利用されて

図2.20 「さくら園」の「喫茶コーナー」と「だんらんコーナー」
喫茶が予想以上に好評であったため，「喫茶コーナー」（左）だけでなく，「だんらんコーナー」（右）も喫茶の場所として利用されている．

いる（図2.20）．

　新たな活動が立ち上げられたり，当初の計画とは異なるかたちで利用されたりと，コミュニティ・カフェでは運営内容が変化している．そして3つのコミュニティ・カフェでは，このように運営内容が変化していくことが積極的なものと考えられている．

　[S] ここは喫茶店なので人との出会いがその流れをつくっていっているんですよ．人との出会いがつくっていってるので，「ちょっと待って」とは絶対私は言えない．「そういう要求ならそれもやりましょうね」っていうかたちで，だんだん渦巻きが広くなっちゃうって言うかな．……だから，人がここを動かしていって，変容させていって，……いいように変えていってくれてると思ってます．

　[W] ふれあいをやりながらしていってる，幅がどんどん広がってる感じで，まぁ，それはいいことだなぁと思って．こっちから何かしなくてもね，受けながら受けながらやっていったらねぇ，なんぼでもあると思うよ．

　[A] あんまり場所づくりしたところで，こちらの押し付けがあったらだめなんですよね．だから，はっきり言えば，来る人がつくっていく，来る人のニーズに合ったものをつくっていく．こちらの押し付けはね，やっぱり無理なところがあると思いますね．

　「誰にでも同じことがなされることを，その至上課題にしている」サービスに対して，「ひとによって個々ちがってくる」ものがホスピタリティと呼ばれることがある[18]．ホスピタリティは，歓待と訳されることの多い言葉であるが[19]，来訪者の訪れを受け入れようとするコミュニティ・カフェの運営は，「やってくる客をめぐって規定される」ものとしての[20]，あるいは「顧客を受け入れるパッシブな場においてとられる行動」[18]としてのホスピタリティだといえる．

　このようにコミュニティ・カフェの運営内容はあらかじめ固定されたものではなく，運営を通して変化している．ただし，これらの場所で当初から掲げられている「交流」，「コミュニケーション」，「ふれあい」を実現するという目的自体は変化していない．変化しているのは「交流」，「コミュニケーション」，

「ふれあい」という言葉で言い表されているものの具体的な中身である．つまり，これらのコミュニティ・カフェにおいては目的自体ががらりと変化しているのではないが，その目的の具体的な中身が運営を通して事後的に形成され，変化していると捉えることができる[21]．

3) 既存の組織に基づかずに運営する

S氏の個人的な思いで開かれた「とぽす」だけでなく，行政からの働きかけをきっかけに開かれた「さくら園」と「街角広場」においても，地域の既存の組織に基づかずに運営することが意識されている．

「さくら園」は，当初は自治会活動の一環として運営される計画であった．けれども，オープンまでの話し合いで，自治会だけで運営を継続するのは難しいという意見が出されたため，府営住宅以外の人々にも声をかけて運営に加わってもらうことにしたとW氏は話している．また，大阪府は自治会長が「さくら園」の運営委員長を兼任するという計画を立てていた．この計画に対してW氏は，自治会長というものは任期ごとに変わってしまうものであり，そのような［W］「自治会の会長を上にもってきたんでは，毎回ね，違う考えの人が来てね，運営なんか絶対できない」と思ったと話している．この意見により，「さくら園」では開設以来W氏が運営委員長を務め続けている[22]．

「街角広場」においてはオープン当初はボランティアスタッフの人数を確保するために，自治会連絡協議会，公民分館，校区福祉委員会，地域防犯協会といった地域の既存の組織が曜日ごとに運営を担当していた．けれど半月もたたないうちに，組織に所属していない人がボランティアしにくいといった不都合が出てきたという．そのため，それ以降は［A］「みな裃脱いで，肩書き脱いで，個人として」ボランティアスタッフに入るというように，既存の組織に基づかずに運営されている．

このように，当初は既存の組織に基づいて運営しようとされた「さくら園」と「街角広場」においても，今では既存の組織に基づかずに運営されている．

4) 主客の関係を固定しない

運営に携わるボランティアスタッフと来訪者との関係について，W氏とA

氏は次のように話している．

[W] 私は，ボランティアさんとお客さんは同じ立場だと思ってるわけね．……だから，ボランティアさんもふれあいの仲間なんですよね．で，お客さんもふれあいですね．だから，私，お客さまも，ボランティアさんも等々（とうとう），対々（たいたい）だと思うのね，立場上ね．

[A] だから別に，特別に勉強してやってるわけでもない，ほんとに普段着の生活，……来る人も普段着で来る，その普段着同士の付き合い，フラットな，それこそバリアフリーのつきあい，それがあそこではいいんだと思うんですね．……だから来る方もボランティア，お手伝いしてる方もボランティアっていう感じで，いつでもお互いは何の上下の差もなく，フラットな関係でいられるっていうのがあそこは一番いい．

W氏は，お店として運営されている場所であれば飲物を注文した人を待たせてはならないが，地域の人々にゆっくりとしてもらうための場所である「さくら園」は，慌てて飲物を出さずとも，[W]「[飲物を出すのが]遅れたらごめんね，[注文が一度に]3人以上来たらパニック[になります]よっていうような感じ」でゆっくり運営すればよいと話している．また，「さくら園」と「街角広場」ではボランティアスタッフに対して明文化されたマニュアルは作られていない．このように，ボランティアスタッフと来訪者との関係を固定してしまわないようにすることが意識されている．

コミュニティ・カフェは，教育や治療というサービスを一方的に提供する専門家によって運営されているわけでもない．

[S] 私は，医者でもないし，保健士でもないし，何でもない普通の街に住むおばさんなんですけど，そういう人の方がかえってね，子どもも安心だし，精神の病を病む人も安心みたいですね．何話してもいい，みたいな．

[A] だから向こうが一生懸命しゃべってる時に，頷いて聞いて，……何か向こうが言いたいだけ言ったら，それで自分の中で解決していくんですよ，大体．でも，お仕事の人は何か言わなきゃならない，解決策を．でも素人は解決策なんか言わなくても，言いたいだけのこと聞いて「ふんふん」いうて相槌うって，「うんそうや，うちもそうやったわ」

って言ったら，それで安心する．

このように，コミュニティ・カフェでは，主客の関係をサービスの提供者と消費者というように固定してしまわないようにすることが意識されているのである[23]．

5) 地域とつながりをもって運営する

先にみたように，コミュニティ・カフェは地域の既存の組織に基づかずに運営されているが，このことはコミュニティ・カフェが地域と何のつながりももたずに運営されていることを意味するわけではない．

たとえば，「さくら園」の「抹茶の日」と「ぜんざいの日」は社会福祉協議会との連携によって行われている．「街角広場」のA氏は，「街角広場」で必要なものはすべて近隣センターで購入していると話している．

また，コミュニティ・カフェの主は自身を専門家ではないと話していたが，このように話す主もけっして専門家の存在を否定しているわけではない．「街角広場」で掲示板に小中学校の学校通信が貼られたり，「とぽす」で保健所との連携によって病院の情報が提供されたりしているように，地域の人々と専門家とを積極的に媒介することが意識されている．[W]「ケースワーカーが入り，役所がちゃんと入って，だったら，もう私らの仕事でないでしょ」と話すW氏も，専門家が入ってきてくれるまでに素早く人々を援助できることに「さくら園」の意義があると話している．

なお，S氏，W氏，A氏の3人は，コミュニティ・カフェを開く前からPTAや自治会活動などを通して地域と関わりをもち続けてきた人物である．3人は，コミュニティ・カフェを開く前から地域で築いてきた関係が，地域とのつながりをもった運営を可能にしていると話している．

6) 居合わせるという状況を積極的に実現する

コミュニティ・カフェでは地域の人々が互いに接触できる機会を提供することが目的とされている．ただし，コミュニティ・カフェでは，けっしておしゃべりしたり活動に参加したりすることが無理に求められているわけではない．A氏は，「街角広場」での人々の過ごし方を次のように話している．

[A] 大きなテーブルで周りにいるのもいいだろうと思うけども，やっぱりそんなんだったら，自分1人だけのテーブルでこうやりたい時もあるかもしれない．それは，その時々で，自由に使いこなせるようなものがいいみたいに思いますね．

[W]「お話するとこ，ここは，一緒にね，黙って食べる人は少ないねぇ」，と話すW氏は，常に「さくら園」全体に目を配り，おしゃべりの輪の中に入れずに[W]「1人ぼっちになって」しまった人を見かけたときには[W]「私が『ここおいで』って言って，前に座ってあげ」て，話し相手になっているという．けれども，[W]「1人で触らないで欲しいなぁ」という人に対しては[W]「そっとしとくんです」とも話している．

[S] お互いにそれぞれが自分のところに座ってて，誰からも見張られ感がなく，ゆっくりしてられるっていう．だけども，「何か困った時[こと]があったよね」って言った時には側にいてくれるっていう，そういう空間って必要だなと思って．

[S] そういう時に私は，ここをつくるときに，全く孤立しないように，でも，自分の個人の空間が守れるようなつくりかたっていうのをね，設計士にお願いしたんですね．

S氏は「とぽす」を開くときに抱いていた思いをこのように話している（図2.21）．そして，「とぽす」で実現している[S]「ちょっと何か大切なお話をしてるみたいという気配を感じると，向こうもそれにあわせて静かになってく

図2.21 「とぽす」のしつらえ
訪れた人が好きな席を選べるようにと，大小のテーブル席やカウンター席がもうけられている．また，1人で訪れた人がゆっくりと過ごせるようにと，本棚には様々な年代，様々なジャンルの本が並べられている．この本棚を眺めるだけで「とぽす」の20年間の歩みを感じることができる．

れる」ような状況を，[S]「空気がまわる」と表現している．

このように，コミュニティ・カフェではおしゃべりしたり，活動に参加したりすることが無理には求められていない．ただしこのことは，嫌なら別に無理に関わらなくてもよいという消極的な意味しかもたないものと捉えるべきではなく，「別に直接会話をするわけではないが，場所と時間を共有し，お互いどの様な人が居るかを認識しあっている状況」である「居合わせる」という居方[24]を実現しようとする積極的な意味があると捉えるべきである．コミュニティ・カフェにおいて，仲間を作らなければならないという強迫的な思いを抱くことなくそこに居られること，すなわち顔見知りという中間的な関係が中間的な関係のままであることが許容されていることの背景には，このような細やかな社会的接触への配慮がある．

7) ありあわせのものによってしつらえていく

A氏が次のように話しているように，「街角広場」では自分たちの家や地域にある使われなくなったものが利用されている．

> [A]「街角広場」の場合は，ほんとにただそこにあったから，ありあわせのもの，もう一から十までありあわせを集めてこしらえたような場所ですから，もうそれこそ，スプーン1本，箸1本，全部持ち寄りのありあわせです．あそこにあるもので買ったものっていったら，今度できましたあのカウンターだけです．

「さくら園」では，買い替えなどの理由で使われなくなった車椅子を預かり，人々への貸し出しを行っている．このように，コミュニティ・カフェにはあらかじめ計画された運営内容に従って必要なものがそろえられるだけではなく，利用できるものに応じて運営内容をその都度決めていくという側面がある．

このことは，コミュニティ・カフェが開かれている建物自体にもあてはまる．つまり，「街角広場」ではオープン時および移転時に空き店舗が利用されているが，これは，そのときにどの建物が利用できるかによって「街角広場」の運営が規定されているということである．また，「さくら園」は既存の集会所とは別に新築されているが，近年，大阪府では既存の集会所を改修した「改修タイプ」の「ふれあいリビング」が順次開かれている．この他にも空き店舗

や空き家などの既存ストックを利用して開かれているコミュニティ・カフェは多い．

このように，コミュニティ・カフェの運営は，そのときに利用できるものによって規定されている．つまり，コミュニティ・カフェには，「『もちあわせ』，すなわちそのときそのとき限られた道具と材料の集合で何とかする」[25]というブリコラージュによってしつらえられている場所であるという側面がある．

3つのコミュニティ・カフェは，運営内容が固定されてしまうことなく，地域の人々が何を求めているのか，何が利用できるのかという状況にその都度対応することによって運営されている．これらの場所で実現されている運営の柔軟さは，このようなその都度の対応の積み重ねの結果として立ち現れてくるものであるといえる．

同時に，3つのコミュニティ・カフェはきわめて意識的な考えに基づいて運営されていた．いつでも開いているお店として日常性を大切にすること，無理な関わりを求めず，顔見知りになった人とその後もずっと顔見知りのままでいることを許容すること，運営内容や運営体制，主客の関係を固定してしまわないこと，地域の様々な組織と連携しそれを横断すること，ありあわせのものによって自分達で徐々にしつらえていくこと．3つのコミュニティ・カフェの運営を支えるこれらの考えからは，多様な場所の主を存在させうるようなデザインとはどのようなものか，人々が場所の主と自然に触れることのできるようなデザインとはどのようなものか，を考えていく上で大きなヒントを得ることができる．

e．まとめ

（建築計画学の）専門家ではない「素人」によって開かれているコミュニティ・カフェは，地域の人々にとって豊かな意味をもっている．冒頭で，コミュニティ・カフェは人々への配慮，関心，気遣いを背景とした様々な暮らしのお世話という意味でのケアがなされている場所であると述べたが，ケアという言葉には手入れ，維持管理という意味もある．

これからの地域においては，ゼロから何かを作りあげるデザインに加えて，

再構築（リストラクチュアリング），すなわち，いまあるものを組み替えるデザインがますます重要になってくると思われる．既存ストックを活用したり，地域の人々や既存の組織を媒介したりするというかたちでの物理的・社会的な手入れ，維持管理（すなわちケア）をするコミュニティ・カフェは，人々の暮らしの舞台である地域そのものを再構築しているといえる．この意味で，コミュニティ・カフェを運営することは環境デザインと呼ぶに相応しい．

このような注目すべき場所ではあるが，場所の主の存在を抜きにしてその場所を語れないという意味において，また，「ひとによって個々ちがってくる」[18]ホスピタリティがなされているという意味において，コミュニティ・カフェは従来のように全国一律であることを目指す公共施設であるとはいえない．しかし，全国一律であることを目指すというのは，パブリックなものの一面的な捉え方に過ぎない．このことに関して山本は，「公共的なもの」と「公的（パブリック）なもの」とを区別し，プライベートなものを消し去ろうとする「公共的なもの」に対して，「プライベートなものを生かす状態がパブリックである」と指摘している[18]．これに従えば，訪れた人々や生じた出来事にその都度対応しているがゆえに，けっして全国一律になり得ないからこそ，コミュニティ・カフェはパブリックな場所になっていると考えていくことも可能である．このようにコミュニティ・カフェは，地域においてパブリックな場所がどのようにして立ち現れてくるのかについて再考を促している．

[田中康裕]

参考文献・注

1) 本節は文献 26) に大幅に加筆し，再構成したものである．
2) 「『ケア』という言葉は，①狭くは『看護』や『介護』，②中間的なものとして『世話』といった語義があり，③もっとも広くは『配慮』『関心』『気遣い』というきわめて広範囲な意味をもつ概念である」と指摘されているように，ケアという言葉には多様な意味がある[38]．
3) 小松らも「交流の場」における主（あるじ）の存在と役割について考察している[32]．なお，西田は「その単位を代表し，責任を持つ人」を主（ぬし）と呼んでいる[33]．
4) 以下では「親と子の談話室・とぼす」のS氏の発言を [S]，「ふれあいリビン

グ・下新庄さくら園」運営委員長のW氏の発言を［W］,「ひがしまち街角広場」代表のA氏の発言を［A］と表記する.
5) 文献27〜31)を参照.なお,「街角の居場所」は2005年度建築学会大会で開催された研究懇談会において用いられた呼称である.
6) 白根良子:親と子の談話室・とぽす,おや,オヤ?親子・21世紀（日本女子社会教育会編),日本女子社会教育会, pp.82-86 (2001)
7) 植茶恭子, 広沢真佐子:大阪府コレクティブハウジングの取組み,高齢者福祉財団『財団ニュース』, **45**, pp.105-112 (2001)
8) 2007年現在,「ふれあいリビング」は12か所の府営住宅で運営されている.このうち「さくら園」を含む3か所は集会所とは別に新築された「モデルタイプ」,それ以外の9か所は集会所が増築・改修された「改修タイプ」となっている.
9) 山本　茂,宮本京子:千里ニュータウンにおける取り組みと展望,地域開発, **444**, pp.33-37 (2001)
10) 宮本京子:「ひがしまち街角広場」によるニュータウン再生,建築と社会, **85** (985), p.25 (2004)
11) 筆者らは文献34)において,親密な関係にはないが,かといって何の関わりも持たないようなまったくの他人でもない関係を中間的な関係と呼んだ.
12) 鈴木　毅:体験される環境の質の豊かさを扱う方法論,建築計画読本（舟橋國男編),大阪大学出版会 (2004)
13) 山崎正和:社交する人間,中央公論新社 (2003)
14) リチャード・セネット（北山克彦, 高階　悟訳):公共性の喪失,晶文社 (1991)
15) 鷲田清一:教養としての「死」を考える,洋泉社 (2004)
16) 鈴木　毅:都市居住における個人の生活行動空間,JKKハウジング大学校講義録II（住環境研究所 JKKハウジング大学校編),小学館スクウェア (2000)
17) 鈴木は文献37)において,「居方の視点から新たなビルディング・タイプの分類ができるのではないかと密かに考えている」と述べている.ここで述べている商業施設の再分類は「新たなビルディング・タイプの分類」の1つの試みであるといえる.
18) 山本哲士:ホスピタリティ原論,新曜社 (2006)
19) 山本は「『ホスピタリティ』に日本語でぴったりはまるものがない.もてなし,歓待,歓迎,しつらえ,あつらえ,あえ,等等いろいろ部分をしめすものはあるのだが,標準語の世界からは消されていったようだ」と指摘している.ただし,筑後地方の「方言である『ほとめき』がホスピタリティにぴったりあてはまる」

と指摘し，このことは「資本・ホスピタリティの経済において『場所』がおおきな意味をもつその証である」と指摘している[18]．

20) ルネ・シェレール（安川慶治訳）：歓待のユートピア，現代企画室（1996）
21) 田中康裕，鈴木 毅，松原茂樹，奥 俊信，木多道宏：「下新庄さくら園」における目的の形成に関する考察―コミュニティ・カフェにおける社会的接触―，日本建築学会計画系論文集，第613号，pp.135-142（2007）
22) これはあくまでも「さくら園」の場合である．自治会長が運営委員長を兼任している「ふれあいリビング」や，自治会活動の一環として運営されている「ふれあいリビング」もある．
23) 次のように，ホスピタリティにおける主客の関係は固定されたものではないと述べられている．「とどのつまり，『歓待』とは，客を迎え入れる者をたえずその同一性から逸脱させるものなのである．……『歓待』はそのような自己の崩れのなかにしか訪れえない[35]」，「客（hôte）すなわち招かれた人質（guest）は招待者の招待者となり主人（host）の主となるのです．hôteはhôteのhôteとなる．つまり客（guest）が主人（host）の主人（host）となるのです[36]」．
24) 文献12)．なお，鈴木は文献37)において，「居合わせる」という居方は「旧知でなく他人どうしである」相手との間で生まれる状況であると述べている．けれどその後鈴木は，「幼児と親のような一体化した2人は別として，独立した個人個人が（たまたま）同じ場所と時間を共有しているという意味では，友人や家族であっても居合わせる」状況は成立し得ると述べている（鈴木からの私信による）．
25) クロード・レヴィ＝ストロース（大橋保夫訳）：野生の思考，みすず書房（1976）
26) 田中康裕，鈴木 毅，松原茂樹，奥 俊信，木多道宏：コミュニティ・カフェにおける「開かれ」に関する考察―主（あるじ）の発言の分析を通して―，日本建築学会計画系論文集，第614号，pp.113-120（2007）
27) 久田邦明：各地に広がるコミュニティ・カフェ，月刊公民館，**556**，pp.28-29（2003）
28) 久田邦明：コミュニティ・カフェの可能性，月刊社会教育，**584**，pp.37-43（2004）
29) 延藤安弘：ヒト・コト・モノの共生の場としての〈まちの縁側〉，季刊まちづくり，**6**，pp.20-23（2005）
30) 小松 尚，辻真菜美，洪 有美：地域住民の居場所となる交流の場の空間・運営・支援体制の状況―地域住民が主体的に設立・運営する交流の場に関する研究

そのⅠ—,日本建築学会計画系論文集,第 611 号,pp. 67-74(2007)
31) Oldenburg, R.: The Great Good Place, Paragon House (1991)
32) 辻真菜美,洪 有美,小松 尚:事例にみる交流の場の立地・設え・もてなしの状況—地域住民が主体的に設立・運営する交流の場に関する研究 その2—,日本建築学会大会学術講演梗概集(近畿),E-1 分冊,pp. 5-8(2005)
33) 西田 徹,高橋鷹志,鈴木 毅:根津の地域研究—その1 イメージによる地域構造分析—,日本建築学会大会学術講演梗概集(北陸),pp. 67-68(1992)
34) 田中康裕,鈴木 毅,奥 俊信,松原茂樹,木多道宏:場所の主(あるじ)の観点からみた異世代の顔見知りの人との接触についての考察—子ども・若者にとっての地域環境—,日本建築学会大会学術講演梗概集(九州),E-1 分冊,pp. 1131-1132(2007)
35) 鷲田清一:「待つ」ということ,角川書店(2006)
36) ジャック・デリダ:歓待の歩み=歓待はない(ジャック・デリダ,アンヌ・デュフールマンテル(廣瀬浩司訳)),歓待について—パリのゼミナールの記録,産業図書(1999)
37) 鈴木 毅:「居合わせる」ということ,建築技術,1994 年 6 月号,pp. 210-213.
38) 広井良典:ケアを問いなおす,ちくま書房(1997)

3

デザイン方法の中の環境行動

3.1 描図と環境デザイン

　建築設計の教育は徒弟制的学習法を色濃く残す代表的教育分野であるとされる[1]．すなわち「習う」より「慣れろ」，まず学んでからそれを実践するのではなく実践しながら学ぶという教育である．実技の修練には「習う」より「慣れろ」の徒弟制的学習法を重視することが理にかなっているともいわれる[2,3]．そして徒弟制において弟子達が実際のプロジェクトに関わりながら学んでいったように，なるべくリアルなプロジェクト情報を設計教育に導入して「慣れる」ための手がかりを増やそうとする工夫もされてきた[4]．しかし学校における教育では徒弟制の場合とは異なり，学生が技を「盗む」対象となる先輩や師とともに作業をするという状況が日常的に提供されるわけではない．また学校ではその教育を全員が一律に受けることになる．そのため教育効果が最も現れるような基礎能力をもっているかどうかを理解できるのと同時に，設計に向いていると思う者もそうでない者も，専門家がどのようなスキルを獲得していくのかを理解できるような，知識と思考経験を提供する方法が必要となる．

　建築家や非建築家を含む様々な人びとの設計プロセスを観察・調査・比較検討することは，先輩・師の作業をイメージすることを助け，また獲得されるスキルを理解しそれに対し敬意を払うのに役立つような，知識と思考の機会を提供してくれる．さらには，施主・技術者などを含む非建築専門家が建築家の能力を正しく理解し，お互いに敬意をもって仕事を進める助けにもなるであろう．

　著名な建築家の設計過程を，その過程で描かれたドローイングをもとに分析する研究は，そこから新しいデザインのヒントを引き出せるという点で意味があると同時に，以上のような教育あるいは経験の共有という点でも意味のあることである．鋭い感性に基づいて行われたドローイングの研究のいくつかは，著名な建築家の設計に対する私達の理解を深めてくれた．しかしそれでもなお，そのドローイングの1枚1枚がどのような思考に基づいて描かれていった

か，作成過程の多くは未だにブラックボックスの中にあるといってよい．

　ここでは建築家を含めた様々な人びとの設計プロセスを観察し，そこからデザインがどのような思考であるのかを少しばかり分析してみたい．それが，デザインのスキルの理解に役立つと思われるからである．

＊　「設計」はもともと design の訳語である．ここでは個々の事例には設計という言葉を用いるが，一方で design の思考としての内容を議論するときにはデザインという言葉を用いる．

a. デザイン思考のプロセスを記述する試み

　デザインがどのような思考であるかという問題に興味をひかれてきたのは，ひとり建築家やエンジニアばかりではない．心理学者，とくに認知心理学の研究者も早くからデザイン思考を科学的に解明し，モデル化することに挑戦してきた．それらは「問題解決」や「創造」の思考プロセスの解明というかたちで行われてきた[5]．建築学研究者の間でもこれに並行して設計方法論の研究が盛んに行われたが，それはこれら心理学等の分野での成果と無縁ではない．

1) 問題解決としてのデザイン

　設計のプロセスが注目されるようになったのは，1950 年代以降である．建築，工業デザインを含めた多くの設計分野で，人工物の生産方法の変化や人工物に対する社会的要求の複雑化に対して伝統的な設計手法では十分に対応できないという意識が生まれていた．設計方法の変革が求められ，当時 NASA のプロジェクトや米国軍事関連研究を牽引していたシステムズアプローチの影響を受けて，多くの設計関連分野でデザインプロセスのモデルの探求が始まった[6,7]．そこではプロジェクトや設計の進行は，関与するあらゆる条件を洗い出し，序列をつけ，それらに対する最適解を導き出して統合するという一連の科学的問題解決であると考えられた（たとえば C. Alexander, 1964[8] など）．

　以来，デザイン思考は段階に分けることができ，その流れは科学的問題解決と同様に「与条件（問題）の分析」→「対応する解（デザイン案）の統合」を軸とする一連のプロセスとして把握できるという考え方が繰り返し主張され，その考え方に沿って建築設計の手順を表すモデルが指針にも現れた[9,10]．

　一方ここから，建築の設計プロセスがはたしてそのような科学一般の問題解

決と同型の問題解決モデルで捉えられるのか，という実証の議論も生じたのである．しかし少なくとも，ほかの多くの人工物のデザインと同様に建築設計も，機能的諸問題・形態のおさまり等々多くの課題を整理・解決し，実物（解）がつくられていくという意味では，一種の問題解決行動として捉えられるという点には，多くの了解が得られたといってよい．

　敷地や必要諸室などの条件のかたちで設計の課題を与えられ，設計案をそれに対する答として提示する大学での建築設計製図の授業を顧みても，まずは与条件を十分に把握・分析した上で，それに対応する解を統合するというプロセスは，一見事実と合致し，また合理的であるように感じられる．たしかに良い設計案は与条件に実にうまく対応しているように見えるものであり，あらかじめ与条件をよく分析したに違いないと考えるのが道理であるように思われる．設計方法論の研究者達や，認知心理学で建築デザインを扱う研究者達もそう考えて，実際の設計プロセスの中にそのような思考の流れの証拠を見出そうとする研究を進めたのである．

2) イマジネーションの表現としてのデザイン

　しかし一連の検証の試みは，分析 → 統合という流れでは実際の設計プロセスの流れを必ずしも説明できないのではないかという疑問を強める結果となった．

　建築設計プロセスを対象としたものではないが，建築学科最終学年の学生と理学系の同学年の学生を対象に立体図形の問題解決手法を比較した実験が行われ，デザイン思考のプロセスモデルが科学一般でいわれる問題解決プロセスのモデルと異なる可能性があることがB. R. Lawsonにより示された[11]．色の塗り分けられた8種類のブロックのうちいくつかを用い，四周になるべく同色がくるよう，与えられた長方形を構成するという混み入ったブロック・パズルの組合せ課題（図3.1参照）を解くのに際して，理学系の学生はまず8種類のブロックを1つずつ吟味し，どのような組み方の可能性があるかという与条件の法則の分析に時間を費やし，その後でその分析から得られた知識をもとに解を作成した．一方，同学年の建築学科の学生はまず最も解に近いとイメージされた組合せを作成してみて，そこからどのような組み方が不適切になるのかとい

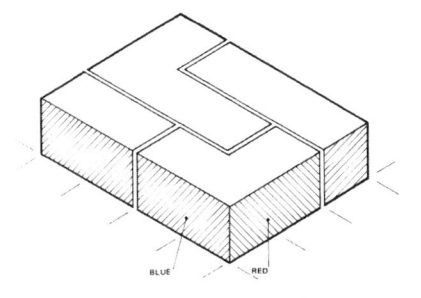

図 3.1　Lawson の課題[5)]

う与条件の法則を発見していった．前者が問題の分析 → 解の統合のプロセスであるとすると，後者は解の生成 → 問題の分析というプロセスとして区別される．これは**問題―中心のアプローチと解―中心のアプローチ**という分け方で区別され，デザイン思考は解―中心の思考タイプであることを Lawson は示唆している[5)]．

　デザインではブロックを配置する代わりに図に表すのであると考えると，解―中心の思考タイプは，図に表されるべきイメージが問題の正確な分析に先行する思考タイプということになる．すなわちデザイン思考のプロセスが問題の分析 → 解の統合という従来の科学一般の問題解決の思考プロセスと異なる点は，イマジネーション（頭に浮かべる図像）の働きにある．Lawson の建築学科学生の問題解決モデルは，イマジネーション → 操作（実際のブロックの組合せ）→ 問題の分析・把握（ブロックの組合せ法則の把握）と捉えることができる．デザインの問題解決にイマジネーションが介在するとする考え方は，創造的芸術的思考とイマジネーションを結びつける創造性研究の主張とも符合する．

　実際の建築設計プロセスを直接設計者に尋ね，そのときの思考を明らかにしようとする調査も行われ，同様の結論が出された．完成した集合住宅についてその設計の進め方を問うた事後インタビューで，設計者達には与条件の分析を完全に行う以前にまず解につながるアイディアがあったと J. Darke は報告している[12)]．Darke は，その結果からデザイン・プロセスを**生成素**（問題を絞り込む重要なアイディアの生成）→ **推論**（それに基づく粗い解の展開）→ **分析**（問題について新たにわかることの分析）というモデルで表している．3つの

プロジェクトの進行を長期にわたって逐次観察・インタビュー取材した，より詳細な研究でも同様なことが確認された[13]．そこでも建築家は，設計の最初に基本となる構成原則をすでにもって作業を始めていたのである．

b. 「デザイン思考はイマジネーションの表現か」を確かめる

ここでは，建築設計におけるデザイン思考はイマジネーション → 解の生成（ブロックを組むことや図の描出） → 問題の分析（理由のあとづけ）というモデルで捉えきることができるのか，すなわち，やや大まかな言い方になるがLawsonらのモデルが示唆するように，デザイン思考はイマジネーションを表現することであるということができるのか，を検証してみる[14]．

また，「デザインするときに本当にそのように考えていたか」を知るために，検証には事後の結果やインタビューではなく，実際の建築設計の場面から得られる情報を用いたい．なぜなら，建築家がプロセスについて語る作業後の内観報告と，実際の作業経過を示す図面との間には，しばしば本人が自覚していない矛盾が存在しうることがたびたび指摘されているからである[15]．詳細なインタビューや観察調査等でこれら事後の内観報告を補強し，プロセスの妥当な説明ができているか，説明に矛盾や欠落がないか常に注意深い確認作業を行うことは基本ではある．しかしそれでもなお，事後の内観報告を根拠とする手法では，結果の信頼性が観察者の力量によって大きく左右されるといわざるをえない．思考プロセスを詳細に観察するために同時的発話を利用するプロトコル分析はこの点を改善する方法の1つである．

c. 手法について—同時的発話を利用したプロトコル分析

それまでの思考心理学が信頼性に疑問の残る事後報告に頼らざるをえなかったのに対して，一部の心理学研究者は，考えていることを声に出して話しながら問題を解いてもらえないだろうかと考えた．問題解決をする際に「声に出して考える」(think aloud) よう指示してその記録を分析する手法が提案され，これが思考内容をかなり正確に表しうることがK. A. EricssonとH. A. Simonによって示された[16]．この手法は同時的発話によるプロトコル（発話記録）分析（狭義のプロトコル分析）と呼ばれ，人間の思考を情報処理の一種として捉

えようとする認知心理学の一派の研究を推進する力となった．

1) プロトコル分析の環境デザインへの応用例

プロトコル分析を初めて環境デザインに応用し，情報処理心理学の枠組を用いて環境デザインの問題解決のプロセスを捉えられることを示そうと試みたのは C. M. Eastman である[17]．Eastman は実務歴 7 年の工業デザイナーにユニットバスルームのレイアウト改良案を設計する問題を出し，その設計作業時の発話のプロトコル分析から，設計者が問題に書かれていない情報（設計者の価値観や経験など）を意図的に導入して問題の追究範囲を限定し，同時に解の範囲を絞り込んでいることを報告した．すなわち，デザイン思考には問題の分析の範疇に入らない，解の生成のための思考が含まれていた．さらにより複雑な建築設計課題をプロトコル分析の対象とする Ö. Akin らの研究者も現れた[18]．Akin は全盲の教師のための 1 戸建て住宅の設計を課題とし，建築家のプロトコルから，Eastman と同様に，課題解決に当たって問題の追究範囲の限定が行われていることを指摘した．このような研究は発話記録の一部から分析者が問題解決行動の流れを読みとって指摘する，経験論的研究手法の例として捉えることができる．

一方で，M. Eckersley はプロトコルに現れる思考プロセスを数値的・統計的にも分析できる可能性を示した[19]．発話内容を意味単位で分節し，分節されたそれぞれの発話単位を分類するモデルを提案した上で，デザイン問題を解決するときの発話プロトコルにこれを適用してコード化し，表示・集計・分析するというものである．

2) 発話の分類コードを用いたプロトコル分析

Eckersley の用いた発話タイプの分類は**表 3.1** に示されるもので，8 種類の行動を示す発話タイプにその他（N）を加えた合計 9 つのコードからなる．8 種類は大まかにいって 3 つのグループに分けて捉えることが可能である．第 1 のグループ LC，PC，SE は問題状況を把握分析する行動と捉えられる．LC，PC は問題文を捉えて分析する行動を示し，また SE は問題文に不足している情報を実験者から引き出す行動である．第 2 のグループ IN，MO，IP は，把

3. デザイン方法の中の環境行動

表 3.1 発話タイプの分類とそのコード[19]

コード	発話タイプ	内容
LC	逐語コピー(Literal copy)	問題文の正確なあるいはほとんど正確なコピー
PC	言い替えられたコピー(Paraphrased copy)	問題文の基本的内容をとらえる発話.解釈
IN	推論(Inference)	上位に位置する結論・仮説・提案・正当化で,問題文には与えられておらず問題解決者によってつくられたもの
IP	意図/計画(Intention/Plan)	問題あるいは問題の部分に取り組むに当たって,ある意図的な行為の筋道を決めたことを示す発話
MO	動作(Move)	配列要素の実際の動きを示す発話
SE	情報収集(Search)	問題あるいは問題のある部分に対応する前に情報を集める必要があることを示す(質問形をとることが多い)発話
SA	特定対象の評価(Specific assessment)	製図板上の1〜3個の配列要素の構成に関連する評価,比較,あるいは価値判定
GA	一般的評価(General assessment)	オフィスレイアウト一般に関連する評価,比較,あるいは価値判定
N	その他(None of the above)	上記のカテゴリーに当てはまらない発話

握した問題に従ってそれまでにはなかった解(の一部)を提供しようとする行動を示す.IN は解(の一部)の想起を表し,MO はその具体的な描図作業を表す.IP は複数の IN, MO の連鎖を方向づける計画を表す.第3のグループ SA, GA は,現在ある解に下す評価を示し,それぞれ特定部分の評価と,設計に盛り込む一般的価値観の表明とに当たる.これらの要素はそれまでに議論されてきた問題解決行動の思考プロセスモデルにのっとったものである.

Eckersley は,この8つの発話タイプで,2人の専門家を含む全被験者の設計プロセスをほぼ完全にコード化することができた(N はほとんどなかった)としている.またその結果,専門家/非専門家の設計プロセスに戦略的差異がある可能性があり,非専門家はコードが設計プロセス全体で偏りなく分布するが,少なくとも1人の専門家については,設計プロセスの最初に第1グループ(問題の分析関係)のコードが多く見られ,最後は第3グループ(評価関係)のコードがやや多く見られたと報告している.この指摘は分析→解の生成→評価モデルの支持をほのめかすものであるが,十分に実証できたわけではない.ここでは,分析(LC, PC, SE)が先かイマジネーション(IN, MO)

が先かの結論を出すことは保留しておくこととする．それよりも，「与えられた課題を読み」，「解釈する」，「足りない情報があれば質問する」，「方針を決め」，「解（の一部）を想定する」，「図の上で要素を描き変え操作を施す」，「描かれた部分の良し悪しを要件に照らして評価する」，「一般的な価値観と照らして全体評価をする」，あるいは場合によってはとりあえず「方針を決め」，「解の一部を想定して」，「描き変え」，それから「与えられた課題を解釈し」，「良し悪しを評価する」という限定された行動単位の連続として，設計プロセス全体が表現できたことにむしろ注目したい．この種の設計プロセスが既往の問題解決の思考モデルにのっとった要素で語り尽くせるとされたのである．

Eckersley の用いた問題は J. M. Caroll らの工程表作成の問題[20]をグリッド内のオフィスレイアウトの問題にそっくり置き換えたもので (図 3.2)，いわば整理されたダイアグラム図を作成することに近い問題であった．次の d 項では，それに対して，幾何形態のとり方にも腐心する実際の設計課題，図像の処理により重きをおいた設計課題に伴うプロトコルに，同様の分析モデルを当てはめるとどのようなことになるか，検討してみる．

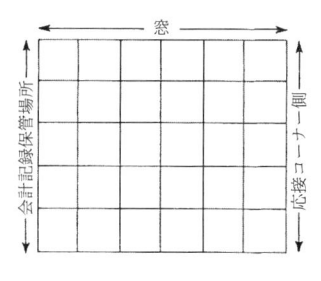

B は D より頻繁に会計記録を使用する．
E は G より頻繁に応接コーナーで接客する．
A は C より頻繁に応接コーナーで接客する．
F は E より頻繁に会計記録を使用する．
D は G より頻繁に応接コーナーで接客する．
C は F より頻繁に会計記録を使用する．

A は B と隣り合わない方がよい．
F は A と隣り合った方がよい．
B は G と隣り合わない方がよい．
C は D と隣り合った方がよい．
E は B と隣り合わない方がよい．
G は F と隣り合った方がよい．

図の上下方向の通路は可能な限り少なく．

F は B より地位が高い．
C は B ほど地位が高くない．
G は C より地位が高い．
D は F ほど地位が高くない．
E は G より地位が高い．
A は D ほど地位が高くない．

図 3.2 Eckersley の課題[19]

d. 建築家のデザインプロセスの実験観察

以下の実験観察では，Eckersley のプロトコル分析の手法をとりあげて，建築家が実際の設計により近づけた設計課題を解くときのプロトコルをデータ化し，データ同士を比較する．

1) 実験の概要

●実験課題

被験者には図 3.3 のような課題が手渡された．

Eckersley の課題が Caroll らの工程管理表に由来するものであったのに対して，ここでは実際の建築作品から課題の与条件を作成した．ル・コルビュジ

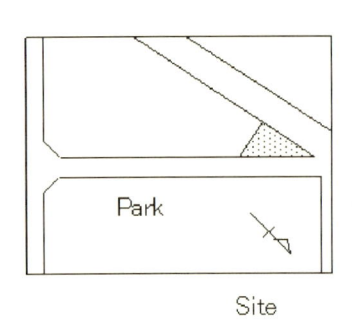

敷地は住宅地にあり，公道と私道に挟まれている．北側には公園があり，木が生い茂っている．夫婦は画家と音楽家で2人暮らしである．したがって，普通の住宅の機能の他にアトリエ，スタジオを必要とする．

要求諸室
  1 画家のアトリエ   40〜60 m^2
  2 音楽家のスタジオ   30〜50 m^2
  3 寝室(コーナーも可) 10 m^2×2
  4 食堂，厨房   15 m^2
  5 図書室(コーナーも可) 10 m^2
  6 サニタリー   10 m^2

要求図面 (2, 3, 4 は必要に応じて)
  1 1F, 2F 平面図
  2 立面図
  3 断面図
  4 アクソメまたはスケッチ

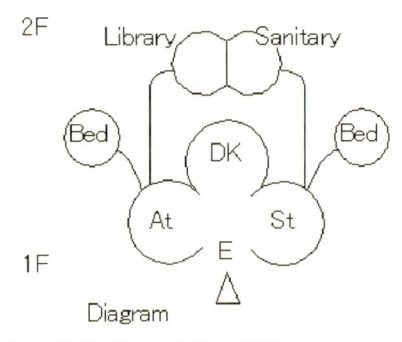

施主から設計に関して以下の要望があった．
　仕事中騒音等気にならないように，アトリエとスタジオはダイニングキッチンを中心に左右に振り分け，その3つの部屋へはエントランスから直接入れること．
　2階には図書コーナー，サニタリーを設け，仕事中の利用が煩わしくないようにスタジオ，アトリエ両方からアプローチ可能とするため，それぞれ専用の階段を設けること．
　また，寝室もアトリエ，スタジオ両方にそれぞれ関係づけて1個ずつ用意してほしい．その際，完全な部屋として扱わなくても，来客があったとき等プライバシーを守れる程度の配慮があればよく，また1階でも2階でも構わない．
　接客は各仕事場で対応．またとくに居間は必要としない．
　敷地内の松はぜひ生かしてほしい．
　配置関係に関しての希望をブロックダイアグラム図で示しておく．この条件および機能図を最優先して設計を行ってほしい．その際，空間表現，形態は自由に考えて構わない．

図 3.3　実験に用いた課題

ェの手がけたテルニジアン邸が素材である．与条件では，それぞれ大きさを指定された所要空間がエントランスを含めて8つ指定された．Eckersleyの研究における7人のオフィスとほぼ同数の配列要素が定められたことになる．また要素間に要求される配列条件は，Eckersleyの課題では断片的な形で錯綜して並べられている(図3.2)．そのため一読しただけでは把握できない．加えて「あちら立てればこちら立たず」の矛盾を含む**「意地悪な」問題**（wicked problem）である．一方ここで用いる課題は，動線/所要空間のつながりを図も併用して一意に示し，矛盾を含まない素直な条件文となっている．形態条件をみると，Eckersleyは一定のグリッド上に配列するという，限定された中から適切と思われる配列を選択する問題であった．今回の課題にはグリッドの桝目のような整形ルールはなく，三角形の特殊な敷地形状でかつ中心付近の保存樹木を避けるという厳しい条件の範囲内であれば，いかようにも変形できる．

解の方から見ると，この課題にはEckersleyの問題と同様に，解として成立する配列が多数存在する．一方で実際の設計と同様，設計者は解を作成するに当たって課題文には明示されない多くのエレメント（各部の材質やそれぞれの部屋に入る家具など）を扱う点が異なる．また被験者の経験的知識に基づいて解の評価条件を新規に加える余地が残されている．Eckersleyの課題を，解作成の用件がかなり十分に明文化され定義された問題であるとすると，この設計課題は解作成に必要な条件全体に対して，**明文化された定義が少ない問題**（ill-structured problem）であるといえる．

● **設計プロセスと結果のあらまし**

実験では実務経験約5年の建築家3人を被験者とした（以下P1，P2，P3）．現在3名（P1，P2，P3）とも個人で設計活動をしており，建築メディアに作品を多く発表し各種の賞を受賞している．実験開始とともに，被験者は1/100スケールの敷地図の上に設計を進めていき，VTRに描図と音声が記録された．

図3.4は各被験者が設計中に描いた図面枚数と設計結果のプレゼンテーションの内容を示している．各被験者とも配列条件を満たしているが，敷地のなかにどのように所要空間をおさめ，どのように外部空間をとるかという形態条件

図3.4 に示す図面類

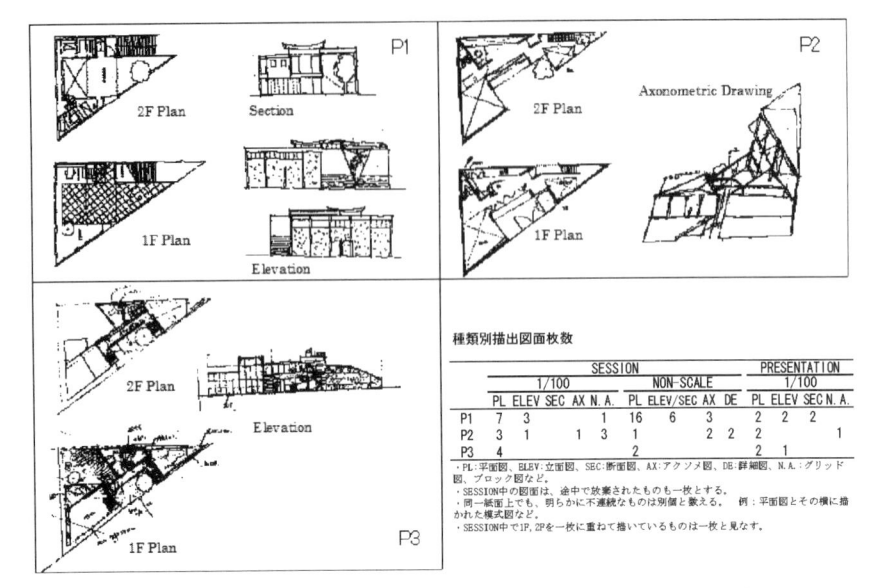

	SESSION 1/100					NON-SCALE					PRESENTATION 1/100			
	PL	ELEV	SEC	AX	N.A.	PL	ELEV/SEC	AX	DE		PL	ELEV	SEC	N.A.
P1	7	3			1	16	6	3			2	2	2	
P2	3	1		1	3			2	2		2			1
P3	3	4									2	1		

- PL:平面図、ELEV:立面図、SEC:断面図、AX:アクソメ図、DE:詳細図、N.A.:グリッド図、ブロック図など.
- SESSION中の図面は、途中で放棄されたものも一枚とする.
- 同一紙面上でも、明らかに不連続なものは別個と数える. 例:平面図とその横に描かれた模式図など.
- SESSION中で1F, 2Fを一枚に重ねて描いているものは一枚と見なす.

図3.4 3人の建築家による設計結果（種類別描出図面枚数および最終図面）

表3.2 設計終了までの時間配分

SUBJECT	TOTAL	PRE-SESSION	SESSION	PRESENTATION
P1	2 h 10 min	0 h 06 min	1 h 18 min	0 h 46 min
P2	1 h 21 min	—	1 h 07 min	0 h 14 min
P3	1 h 41 min	0 h 07 min	1 h 11 min	0 h 22 min

・SESSIONは, 描きはじめからプレゼンテーション・ドローイングの作成開始までとする.

への回答（パターン）は各々で異なる. またP2, P3が基本的に1つのパターンを詰めて最終案に結びつけたのに対して, P1は第1のパターンを検討してからまったく異なる第2のパターンを作成し, 最終案にたどりついた. 描いた図面枚数を見ると, このプロセスの違いが描図の量の違いを生んだことがうかがえる.

表3.2は設計完了までに要した時間である. 各被験者は数分程度で設計課題を把握して描き始めた. プレゼンテーション作業に入るまでの設計に集中した実質時間（セッション）は概ね70分前後で, 終了目安時間90分に対してほぼ同じ時間配分を試みたことがうかがえる.

3.1 描図と環境デザイン　135

●プロトコルのデータ化手続き

　分析の準備として，①被験者3人の発話記録をそれぞれ意味内容のまとまりごとに区切って表示する（チャンク表示）．②あらかじめ記録VTRを見た判定者3人がその発話記録をそれぞれ読み，チャンクごとに発話タイプを判定してコードをつける．③3人の判定を照合し多数（2人以上）をもってそのチャンクのコードを決定する，という作業手順でデータを作成した（表3.3参照）．9割以上のチャンクが2人以上の判定の一致をみたので，判定はまずまず信頼できた．

2)　発話タイプデータの特徴
●実験で得られた発話タイプデータの特徴

　セッション中（プレゼンテーション図面作成時間を除いた時間）における各被験者の発話タイプごとの発話量を集計し，Eckersleyのデータと対照させたものが，**表3.4**である．P1はINが多く，P3はMOが多い．またP2は両者の中間でINとMOが多いことがわかる．逆にLC，PC，GAは，今回はどの被験者も少ない．LC，PCが少ないのは，課題文が単純明快で，何度も繰り返し読んだり解釈を加えたりする必要がなかったからと考えられる．3人の建築家の発話傾向全体はそれぞれ異なっている（5%の有意水準である）が，Nがきわめて多い（25～33%）という共通点が，一見しただけでもわかる．ではEckersleyはどうであったか．

●Eckersleyの発話タイプデータの特徴

　Eckersleyは，5人の被験者について実験を行っている．今回は建築家を対象とした実験であったので，ここではそのうち非専門家カテゴリーである学生データ3人分を除き，専門家カテゴリーである実務経験を積んだインテリアデザイナー2人の実験結果（S2e，S3e）のみを比較対象として取り上げる．S2eの場合もS3eの場合も共通してLC，PC，SAが多く（19～29%），SEは少なく，またNがほとんどない（0～0.3%）．これらは同時に今回の実験結果と比較して顕著に異なる点でもある．

　Eckersleyの課題文は，一読しただけではその指示する全体構造がわからな

3. デザイン方法の中の環境行動

表3.3 プロトコルデータ

TIME STAMP	PROTOCOL	CODE
1:17:22	2階はここで横切っちゃってるから…	N(EX*)
1:17:29	図書室がどっか行っちゃったんだなあ…	N(EX*)
1:17:32	これがアトリエ	MO
1:17:39	これがテラス	MO
1:17:44	寝室が2コマだから、こことここ	MO
1:17:49	下のここから昇ってくるから，もしかすると，ここに来て…	IN(IND*)
1:17:54	図書室がこれはないんだ…	N(EX*)
1:17:59	これは下に大きく開いて…	MO
1:18:06	ここが狭いんだなあ…	SA
1:18:13	…もう、こっちはいらない	IP
1:18:18	ここでとってもいいんだな．$10 m^2$くらいだから	IN
1:18:27	…テラス，これちょうどいいんだろうな	SA
1:18:37	サニタリーってあったよね？　　　　+A	SE
1:18:44	両方の寝室から行けないといけないんでしょ？　　+A	SE
1:19:00	難しいことになっちゃった	GA
1:19:09	これ，完成しなくちゃいけないんでしょ？　　+A	SE
1:19:13	ひとつも完成しないとね	N
1:19:20	これ参考になるの？　　+A	N
	難しいね	GA
1:19:42	おのおの寝室からサニタリーに行かなくちゃいけないっていうけど	LC
1:19:51	それは寝室をこっちにすればいい	IN(IND*)
1:20:00	寝室とこっちをここでつなげる．サニタリーと	MO
1:20:05	図書室はこっちね	MO
1:20:09	ここに階段が出てくる	N(EX*)
1:20:13	通路があって，サニタリー	MO
1:20:16	これがでも、サニタリーにはこっちはこう行かないと行けない	N(EX*)
1:20:20	そうすると，ちょっと…	SA
1:20:25	図書室も両方から行けなくちゃいけないんだよね，おそらく？	SE
1:20:31	これと、これが別だってことがミソなんだよな	IN
1:20:39	だからこれがサニタリー，これが寝室，これがライブラリーとすれば	MO
1:20:46	これがスタジオ側で，これがアトリエ側とする，と	MO
1:20:51	どっか昇ってきて，これはサニタリーで，これとこれは行ける，と	N(EX*)
1:21:00	…ライブラリーにも行ける，と	N(EX*)
1:21:04	これがアトリエだからアトリエからサニタリーにもこっちも行ける，と…	N EX*)
1:21:16	…だから行けるんだから，それでいい	SA
1:21:20	さてと，これ，どうするか	IP

中央は起こされたプロトコルをチャンクに分節して示す．時間は開始よりの時間．なお右にそれに対してのちに判定されたコードを加える．
+A は，実験者が続けて簡略に回答したことを示す．（*）は，のちほど述べる理由によって追加された分類コードによる分類を示す．

表 3.4 発話タイプ別発話量 (下段%)

	LC	PC	SE	IP	SA	GA	IN	MO	N	SUM
P 1	3	10	10	53	46	13	101	71	102	409
	(0.7)	(2.4)	(2.4)	(13.0)	(11.2)	(3.2)	(24.7)	(17.4)	(24.9)	(100.0)
P 2	4	3	23	30	46	12	71	61	86	336
	(1.2)	(0.9)	(6.8)	(8.9)	(13.7)	(3.6)	(21.1)	(18.2)	(25.6)	(100.0)
P 3	15	7	9	13	26	5	47	125	124	371
	(4.0)	(1.9)	(2.4)	(3.5)	(7.0)	(1.3)	(12.7)	(33.7)	(33.4)	(100.0)
S 2 e*	98	101	5	14	99	25	33	17	1	393
	(24.9)	(25.7)	(1.3)	(3.6)	(25.2)	(6.4)	(8.4)	(4.3)	(0.3)	(100.0)
S 3 e*	124	128	5	51	192	44	48	62	0	659
	(18.8)	(19.4)	(0.8)	(7.7)	(29.1)	(6.7)	(7.3)	(9.4)	(0.0)	(100.0)

＊を付したデータは文献 19) より引用．

い．そのため読み込みと解釈にかなりの思考を要する．PC, LC が著しく多いのはこれを反映しているためと思われる．また SE が少ないのは，設計者が質問する必要性を認めなかったためであり，課題の求める用件が十分に明文化されていた証左と捉えることができる．プロトコル全体から，問題文の読み込み (LC) と解釈 (PC) を行い，そして解を課題文の用件に照らし合わせて部分的に評価 (SA) するということを多く繰り返して行う設計者の思考がうかがえる．

3) Eckersley の実験結果との比較

以上からおそらく LC, PC, SE の数の多少は課題文の表現の特徴に対応しているであろうことがわかる．課題文の特徴を測るのはこの実験の目的ではないので，ここでは LC, PC, SE を除き，実質の問題解決の推進に使われたと思われる残りの IP, SA, GA, IN, MO, N を対象として，2 つのデータ群の比較を行う．5 人の専門家のデータはこの場合も全体として異なる特徴をもつ（この場合も 5% の有意水準である）．すなわち，まったく同じ分布パターンはない．では，どのセルの数値が特徴として捉えられるのであろうか．被験者ごとのチャンクの総数も，コードごとのチャンクの総数もそれぞれ異なるので，数値をそのまま見ているだけでは，特徴が見えにくい．そこで**表 3.5** に示すように，残差分析を行って，どのセルの数値が被験者ごと・コードごとの総

表 3.5 発話データ比較表（調整化残差）

SUBJECT	IP	SA	GA	IN	MO	N	SUM
P1	53 2.84	46 −6.92	13 −2.58	101 4.42	71 −1.32	102 4.04	386
P2	30 −0.095	46 −4.579	12 −1.781	71 2.3299	61 −0.398	86 4.30798	306
P3	13 −4.25	26 −8.42	5 −4.02	47 −2.52	125 8.18	124 9.00	340
S2e	14 −1.24	99 9.12	25 4.34	33 −0.41	17 −4.25	1 −6.97	189
S3e	51 2.22	192 12.18	44 4.75	48 −3.81	62 −2.91	0 −11.23	397
SUM	161	409	99	300	336	313	1618

・$\chi^2=568.7$, $df=20$, $p<0.05$.
・上段はチャンク数，下段は調整化残差（網掛けは 5% 有意水準で多い/少ないを示す）．
・濃い網掛けのセルは多い傾向，薄い網掛けのセルは少ない傾向．

数の軽重から想定される期待値に対して有意に異なり，χ^2 値をもたらすのに影響したかを明らかにする．それぞれのセルの上段がチャンク数，下段が調整化残差である．表では，濃い網掛けのセルが有意水準 5% で期待値より多い特徴的な数値を，淡い網掛けのセルが期待値より少ない特徴的な数値を示している．

結果をみると，建築課題のデータ群はすべて顕著に N が多く Eckersley のデータ群は顕著に少ないこと，また Eckersley のデータ群は SA，GA が多く MO が少ないという特徴がわかる．

4) 考察：Eckersley の発話タイプモデルはデザインの思考を説明できるか？

8 つの発話タイプのどれにも入らない N が顕著に多いということは何を意味するのか．少なくとも今回の設計課題を解くために必要な思考を説明するには，採用した発話タイプだけでは十分ではないことを示していると考えられる．すなわち，N と判定された内容を再確認して共通点が見出せるかを検討し，共通なものを新しい発話タイプとして追加する作業が必要となる．検討を行った結果，「A がここにあって，B がここにある……」，「C から D に行ける……」など，すでに描かれている部分を指して確認する発言がかなりの部分を

表 3.6 追加発話タイプの集計

SUBJECT	IN		N	
	IN*	IND*	EX*	N*
P 1	101 24.7%			102 24.9%
新分類	42 10.3%	59 14.4%	80 19.6%	22 5.4%
P 2	71 21.1%			86 25.6%
新分類	42 12.5%	29 8.6%	69 20.5%	17 5.1%
P 3	47 12.7%			124 33.4%
新分類	21 5.7%	26 7.0%	117 31.5%	7 1.9%

上段は Eckersley の分類,下段は横山の追加分類による変更を示す.
各セルの上は実数,下はそのパーセンテージを示す.

占めていることがわかった.類似の発言である MO は同時に描図の進展を伴うのに対して,この場合には描図に進展が見られない点が特徴である.したがってこれを

 EX (Explanation):自分の作り出した(ドローイング上の)問題状況の
 なぞり・読み取り・確認

と表すことにする.表 3.6 の下段に 3 人の判定者による判定結果を示す.EX を除くと,N は 1.9〜5.4% へと大きく減少した.

5) 考察:描図による問題解決を表す発話タイプ

それまでの問題解決の思考モデルにのっとった Eckersley の発話タイプでは,問題状況の読み取りは LC のみであり,常に初期条件として提示された課題文(あるいはその解釈 PC)に立ち戻りそれに対応しているかどうかを評価(SA)しながら次のステップ(IN)に問題解決行動が進められていく筋道を想定している.しかし,本項のプロトコルに EX として再分類された発話タイプが検出されたことは,それまでに自分が描いてきたドローイング上の中途状

況も，次のステップに進む前に確認したり把握しなおしたりする対象となっていることを示しており，描き込まれるエレメントが増加して図が複雑になっていくにつれて増えていくものと思われる．また一方で，描き出された図が単純であればあるほど，その確認・分析作業である EX は必要ない．Eckersley の課題を解くのに必要な図はダイアグラムに近い比較的単純なものであったため，EX を必要としなかったと考えられる．

　EX の示すような図の読み取りが必要になるということは，形態的に複雑な課題の問題解決行動においては，その図を描き進めている最中に出現する問題状況（図の状態）を把握しきれていないということを意味する．EX の時点の図があらかじめすっかり把握されて描かれてきたとすると，EX に見られる反芻作業は必要ではなくなる．このことは，その間の問題解決行動の少なくとも一部は，あらかじめ把握されていたイメージではなくドローイングが生成するなりゆきに依存していることを示す．そうであるならば，「問題の解説文に与えられておらず被験者によってつくられた上位の仮説等」（IN）と判定者達が判断したものの中にも，必ずしも被験者がイメージしてつくったのではなく，描いた図のなりゆきに従って出てきた部分の表明もありうるであろう．EX の追加とともに

　　IND (Inference within Drawing)：ドローイングの読み取りから生じた
　　上位の帰結・仮説・正当化

を追加し，IN を再検討することが必要となった．結果は，表 3.6 の下段に見られるように，IN のうちおよそ半数が，その時点のドローイングの読み取りから生じた推論であると判定された．「ここが X だと，ここには Y がくることになる……」といった表現がこれに当たる．

e. 描図とデザイン思考
1) 発話タイプと思考モデル

　以上，実験結果に従って考察を進めてきたが，そこからデザイン思考についてどのようなことが議論できるだろうか．

　これまで，デザインの思考モデルは分析（LC，PC，SE）が先かイマジネーション（IN，MO）が先かという問を設け，それについて知る手段として，

Eckersleyのプロトコル分析の手法を援用し，実際に近い設計課題で現れるデザイン思考を要素で表現することを試みてきた．その結果，少なくとも今回の課題については，与えられた課題を読み込み・分析する思考（LC，PC）はほとんどプロトコルに現れず，むしろ次々と推論をつくり出し描図を進める思考（IN，MO）が現れていた．これだけを見ると，イマジネーションを駆動役にして設計を先に進めると結論されるかもしれない．

しかし，本当にイメージしたものを外的に図化しているだけなのであろうか．

2） 図のはたらき

建築課題を用いた実験結果では，Eckersleyの分類に代表される思考モデルにのっとった発話とは別の発話タイプが顕著に現れた．EXとINDである．そしてこの2つは，INやMOのように今ある図に何か新しいものを加える行動ではなく，これまで描いてきた図の反芻と，描いたことによって図の中に新たに予定されることになる部分の発見を意味していた．そのような読み取りとそこからの予想がデザイン思考に必要であるということは，描図が必ずしもイメージされた図だけからなるわけではないことを意味する．あらかじめイメージされたものだけを含んでいるならば，改めて図を読み取る必要はない．表3.3でも，「（階段が）下のここから昇ってくるから，もしかすると，ここに来て……」と，描図を読むことによって初めて，まだ描かれていない要素が実は予定されてしまっていることに気がつく（INDの）場面が見られる．

デザインの問題解決行動は常にデザイナーのドローイング作成作業を伴って行われる．それは単にイメージを外的に図化しているだけではない．解決途上の問題状況をいったん対象化し客観的に分析することによって，新たなイマジネーションを創出し付加するための道具としているのである．自分で描いた図であっても，それはときにはまったく予期しない図形を含んでおり，ときにはそれがデザインを導くことすらある．事後インタビューを行った諏訪の研究（1999）[22]では，この点に関して興味深い事例を提供している．建築家が美術館の基本コンセプトを作成する際に，自分が描いた図を観察して「予期せぬ」ビジュアル要素を発見し，その形をもとにその後のデザインをまったく異なる

形へと方向づけたというものである．このような転換はそうそう起こるものではないにせよ，建築家は日常的に描出途中のドローイングをよく観察・分析するものであり，そのことによって，イメージだけではなく，「描かれた図」自身も，ときにはデザイン思考を展開する駆動役となることが，ここで述べた実験から示唆されるのである．

f. ま と め

最後にこの研究から得られる結論を以下にいくつか挙げたい．

Eckersley (1988) による設計プロセスの計量的分析のためのコード化モデルは，形態的条件のより複雑な建築設計課題においても，修正を加えれば適用可能であった．つまり Eckersley の研究をモデルにして，デザインプロセスを研究する方法を開発することに一定の成果を得ることができた．

一方，一般の建築課題のように多くの要素の追加を伴う図形的操作を必要とする課題では，デザイナーはドローイングの生成とその確認・解釈によって設計を進めることがあり，課題の初期条件からの推論とそれに対応した作業，初期条件との対照と評価という過程のみですべてのデザインプロセスを説明できるわけではないことも明らかになった．

Eckersley の扱ったダイアグラムの作成に近い環境デザインの課題と，ここで扱った複雑な形態的条件をダイアグラムに対応させることに力点をおく建築設計の課題では，デザイナー（専門家）は異なる問題解決行動をとることが確認された．従来の問題解決行動の研究でデザインを扱う際にはどちらもデザインというカテゴリーで同列に語られる傾向にあった．しかし，これらも含めて今後，課題内容のカテゴリーについての考察を進める必要がある．

建築設計教育においては，イメージを豊かにするために様々なよい建築を体験することが重要とされる．その体験の結果，エスキースの紙面に豊かなイメージを投入できることはたしかに設計のスキルの重要な部分である．しかし同時に，イメージを投入していく際にときどき描出された図を対象化し，客観的に分析する目を意識的に養うことも重要である．さらには，分析しやすい形に図を描出していく，図形操作のスキルもおそらくは重要であり，その解明は今後の課題となろう．

［横山ゆりか］

参 考 文 献

1) Schön, D. A.: The Design Studio—an exploration of its tradition and potential, RIBA Publications (1985)
2) Schön, D. A.: The Reflective Practitioner, Basic Books (1983)
3) Leve, J. and Wenger, E.: Situated Learning—legitimate peripheral participation, Cambridge Univ. Press (1991)（佐伯 胖訳：状況に埋め込まれた学習—正統的周辺参加，産業図書，1993）
4) 横山ゆりか：実践に学ぶ設計教育—ケース・メソッドと住民参加型授業，人間—環境系のデザイン（日本建築学会編），彰国社，pp. 232-257 (1997)
5) Lawson, B. R.: How Designers Think—the design process demystified, 2 nd ed., Butterworth-Heinemann (1990)
6) Rittel, H. W. J. (Interviewed by Grant, D. P. and Protzen, J. P.): Second-generation design methods, 原典 The DMG 5 th Anniversary Report: DMG Occasional Paper No. 1, pp. 5-10 (1972). 再録版 Cross, N.: Developments in Design Methodology, John Wiley & Sons, pp. 317-328 (1984) 所収
7) 嶋村仁志：プロセス，設計方法 IV 設計方法論（日本建築学会編），彰国社，pp. 15-22 (1981)
8) Alexander, C.: Notes on the Synthesis of Form, Harvard Univ. Press (1964)（稲葉武司訳：かたちの合成に関するノート，鹿島出版会，1978）
9) RIBA: Architectural Practice and Management Handbook, RIBA Publications (1965)
10) 日本建築学会編：設計方法 II 設計プロセス/ケーススタディ，彰国社 (1971)
11) Lawson, B. R.: Cognitive strategies in architectural design, *Ergonomics*, **22** (1), pp. 59-68 (1979)
12) Darke, J.: The primary generator and the design process, 原典 *Design Studies*, **1**(1), pp. 36-44 (1979). 再録版 Cross, N.: Developments in Design Methodology, John Wiley & Sons, pp. 175-188 (1984) 所収
13) Rowe, P. G.: Design Thinking, MIT Press (1987)
14) 横山ゆりか：問題解決行動としてみたときの建築設計プロセスの特徴—ドローイングを伴う空間デザインプロセスの研究，日本建築学会計画系論文集，第 524 号，pp. 133-137 (1999)
15) Herbert, D. M.: Architectural Study Drawings—their characteristics and

their properties as a graphic medium for thinking in design, Van Nostrand Reinhold (1993)
16) Ericsson, K. A. and Simon, H. A.: Protocol Analysis—verbal reports as data, MIT Press (1984)
17) Eastman, C. M. : On the analysis of intuitive design processes, in Moore, G. T. (ed.), Emerging Methods in Environmental Design and Planning, MIT Press, pp 21-37 (1970)
18) Akin, Ö.: An exploration of the design process, in Cross, N. (ed.), Developments in Design Methodology, John Wiley & Sons, pp. 189-207 (1984)
19) Eckersley, M.: The form of design processes—a protocol analysis study, *Design Studies*, **9**(2), pp 86-94 (1988)
20) Caroll, J. M., Thomas, J. C. and Malhotra, A.: Presentation and representation in design problem solving, *British Journal of Psychology*, **71**, pp. 143-153 (1978)
21) Akin, Ö.: How do architects design, in Latombe, J. C. (ed.), Artificial Intelligence and Pattern Recognition in Computer Aided Design, IFIP, North-Holland, pp. 65-98 (1978)
22) 諏訪正樹：ビジュアルな表現と認知プロセス，可視化情報，**19**(72)，pp. 13-18 (1999)

3.2 空間との対話

　コルビュジェは，若いときに東ヨーロッパの各都市を巡り歩きながら沢山のスケッチを描き残している．ベルリン，プラハ，ウィーン，ブカレスト，イスタンブール，アテネ，ナポリ，ローマ，フィレンツェと多くの都市を巡る1910年から1911年の旅の記録である．これらの中には，教会の内部や広場を描いたものから遠くの海岸の景観を描いたものまで，様々なものがある（**図3.5**）．アクロポリスの丘を遠景として描き，さらにアクロポリスの丘を遠くから描いているスケッチ．プロピライアの柱間から透かすようにしてパルテノン神殿を望んでいるスケッチ．ポンペイの共同浴場の内部で，列柱によって区切られた空間の複雑なつながりを描きとめているスケッチ．サンタ・マリア・イン・コスメディン教会堂の身廊部で，天井と床と列柱によってその奥行きが強調されたスケッチ．カプノスの谷で奥の穴から射し込む光を描いているスケッチ．これには「この光の効果は，見る価値あり」[1]というメモも書き残している．

　第1期のドナウ河流域から第6期のローマからラ・ショード・フォンに至る旅程の中で，合計で200以上のスケッチをコルビュジェは描き残している．これらのスケッチを，空間のつながり方という観点から見てみると，壁・柱・通路によって分節された空間の手前と奥を描いたものや，左右に広がる内部の空

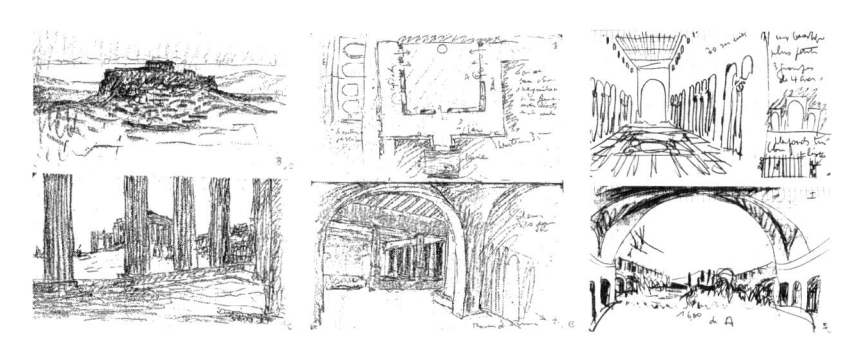

図 3.5　東方への旅のスケッチ（コルビュジェ）[1]

間を同時に見たものなど,コルビュジェがもっていた空間を見るときの多彩な作法を学ぶことができる.試みにこれらのスケッチを分類して,空間の見方が同じものを整理してみると,第1〜5期にかけて順々に,その種類が広がっていく様子がわかる.中でも,柱や段差等があって空間が分節されているもの,つまり空間と空間が組み合わされているスケッチは,第4期からその割合が増えることが特徴である.

このように東方への旅のスケッチを見るとき,そこに現れる場所の中に,コルビュジェがもっていたと考えられる空間の捉え方・見方の深さと広がりに触れることができる.これらは,現実の空間を見るときにあっても,イメージの中で空間を組み立てていくときにあっても,欠くことのできない空間とのつきあい方・空間生成の作法の1つである.とくに,空間創造の道筋をいろいろと考える場合には,イメージの中で空間をどのように眺めるか・捉えるかということが,解に近づく糸口になる.

コルビュジェが描いたこれらのスケッチから得られたヒントは,どこから何を見るのか,空間のつながりをどのように見るのかということへの手がかりである.おそらくコルビュジェが建築家として空間を創り上げていく際の,空間をイメージする大切な手法となっていたはずである.以下では,空間を組み立てるときにイメージの中でどのように空間を見ているかを探る.

ここでは,イメージするシーンを「場面」として捉えて,設計者がイメージする空間に置く擬人的な目に着目してみる.そして,この空間をイメージする目を空間の「視点」と呼ぶことにする.空間を創造するときに,どこからどこを見るのか,そのときにどこに立っているのか等,その「視点」の操作にはいくつかの方法があるように思われる.このような空間の「視点」は,設計教育の場で空間の操作方法の1つを提示し,さらに環境形成の場で空間を伝達する手がかりを与えることができると考えられている.

このことは,現実のシーンで捉えられてきた様々な人間と建築との関係を,設計のときにイメージする空間の中に展開する試みでもある.

a. 想像の中の空間で「視点」を見つける

建築の設計は,様々な空間のイメージをつくりながら進められていく.たと

えば美術館や音楽ホールを設計する初期の段階では，敷地に立つ建物の全体的な形を漠然とイメージしたり，エントランスに向かう観客の姿を想像したりする．また，ホワイエから吹き抜け部分を通して2階のギャラリーを眺めたり，客席からステージを見る「場面」をイメージしたりと，イメージする空間を様々に見ながら空間を組み立てている．このように，空間の設計をする場合には，設計する空間の中に仮想的な人（自分）を置いて，空間を擬似的に体験・認識していると考えてみる．それらをスケッチで描いたり簡単な模型をつくっ

『視点』の例	空間のイメージ	プロトコル
① 空間を取り巻く環境を捉える	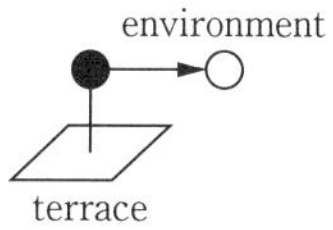 environment / terrace	この辺に喫茶店を置くと，位置関係でこう鳥屋野潟があるから，こっちの方で夕日が見えないと悪いから，こっちの方をちょっと前にずらしたっていう感じかな．
② 空間の雰囲気を捉える	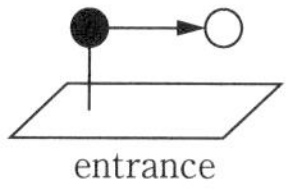 entrance	（エントランスについて）お客さんから空もいくらか見えるような角度にしたいなと思っています．広がりを感じるように．ホールが割と狭い感じで，密封された感じだから，開放的な感じを出そうと思って．
③ 形態的な特徴を捉える	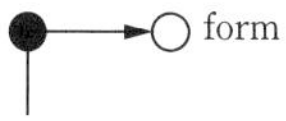 form	（屋内ホールの内部について）なんか直線みたいなのはやだなって思った．聞く人が，直線で落ちついていられないっていうか．こうまっすぐ長方形っていうのじゃなくて，ちょっと壁がガクガクしている．
④ 調和や対比を捉える	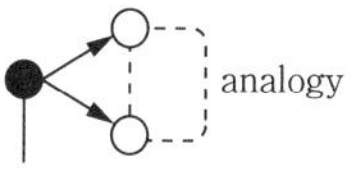 analogy	自然科学館（既存施設）に半球の外形がでているから，ここ（屋内ホールのステージ後部）に半球をつくって統一性みたいなのを出そうかなってちょっと思った．
⑤ 主体の変化による違いを捉える	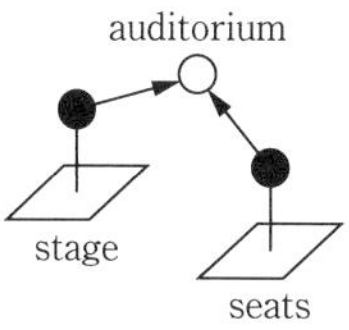 auditorium / stage / seats	（屋内ホールの内部について）演奏者から見て，こういうふうに広がりがある感じにしたかったし，お客さんから見てもこうやって広がっていて，まわりからみんなで見るっていう感じがでるのかなと．
⑥ 時間的な変化の違いを捉える	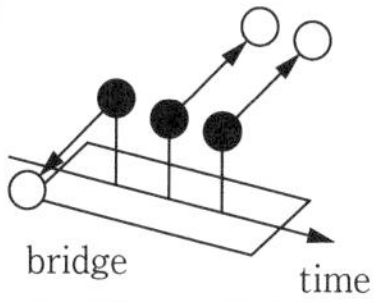 bridge / time	この橋の上から，水面と西の方の弥彦とか，ああいうふうな山の方のすごい遠い景色で水平的に夕日が感じられ，しばらく歩いて行くと今度は夜景なりがあって，また歩いて行けば星が感じられる．

図 3.6 空間のイメージ・空間の場面

たりしながら見えるかたちに置き換え，目指す空間に近づけている．

図3.6は，学生の設計を追跡調査して，それぞれの空間のイメージや「場面」を描出したものである．①空間を取り巻く環境を捉える，②空間の雰囲気を捉える，③形態的な特徴を捉える，④調和や対比を捉える，⑤主体の変化による違いを捉える，⑥時間的な変化の違いを捉えるなど，いろいろな「場面」に仮想的な人を置いて，空間のかたちや雰囲気を具体化しようとしている．イメージする空間を比較するために，空間を取り巻く環境の時間や状況を変化させているもの，観客が演技者へとイメージの中で人を代えるもの，人が動くことで空間を具体的に眺める複雑なものもある．このように空間の擬似的な体験・認識の様態は，いろいろなかたちをとる．建築の設計は本来客観化しにくく捉えにくい創造的な行為であるが，イメージする空間や思考の内面に注目した空間の見方を理解することは，設計をさらにおもしろいものにしてくれる．

b. 「視点」の意味とプロトコル分析の方法

多様な空間の体験・認識の事例の中から，「視点」を整理してつかまえやすいように以下の要素をもつものと捉えてみる．設計者は，空間をイメージするときや複数の空間を組み合わせるときに，その空間を眺めるという行為を行う．このような，イメージする空間に置かれる設計者の擬似的な目を「視点」とすると，見る「位置」(point of view)－「見方」(way of view)－見る「対象」(object)－「設計対象」(design object) の4つの要素があると設定できる(図3.7)．

「位置」とは設計者が立っている空間的な場所，「対象」とは見ているもの・

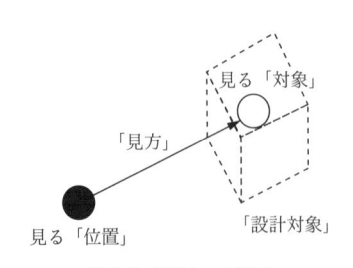

図3.7 「視点」の構成

空間を示す.「見方」とは見ている方向や,状況の設定までを含んだ見る方法で,「位置」と「対象」とをどのように関係づけているかを表している.たとえば,見上げる,見渡すというような視線の方向や,夜と昼を対比させる,雪が降っていることをイメージするなどの状況設定までを含めて,「見方」であると幅広く捉える.このように「位置」・「対象」と,「見方」を決めた上で,設計で操作を行っている空間は「設計対象」とする.「設計対象」は,見る「対象」や「位置」である場合や,さらにその両方の場合もある.たとえば,1階から吹き抜けの2階部分を見上げていることをイメージしながらホワイエを設計する場合には,「位置」と「対象」両方が「設計対象」になる.

このような「視点」を取り出してその特徴を捉えるためには,空間を創造している人の心の動きを覗くことが必要になり,この人の思考過程を分析する方法の1つに,プロトコル分析が使われている.P. H. Lindsay と D. H. Norman によると,プロトコルとは「言語化された思考過程をことばであらわしたもの」と定義されている[2].このプロトコルを用いて,今まで捉えにくかった心理的な構造や思考の内的な過程を明らかにしようと試みている分析例がいくつかある.

建築設計の分野では,前述のように M. Eckersley が簡単な設計課題から得られたプロトコルをもとに,問題解決を行う設計者の思考過程を分析している[3].設計課題は,オフィスの空間に7人分の机と椅子を配置するというもので,5名の被験者を対象とした実験である(そのうち2名はインテリアデザイナー,他の3名はデザイン学科に在籍する大学生).各被験者にはそれぞれの行為を,言葉で説明しながら設計を進めさせて,その様子をビデオに記録している.

空間の分析とは少し離れるが,A. Newell と H. A. Simon はこのプロトコル分析を用いて,問題を解決する際の人間の思考過程を"problem behavior graph"という図式で表現している.Ö. Akin も設計者のプロトコルを分析して,問題解決へと向かう設計操作を8つのスキーマ(Instantiation, Generalization, Enquiry, Inference, Representation, Goal-Definition, Specification, Integration)に類型化した上で,設計過程を段階的に示している[4].D. A. Schön は,実験的な課題を行う建築家のプロトコルを,設計操作の4つのタ

イプ (Functional types, References, Spatial gestalts, Experiential archetypes) に分類した．そして，これらの設計操作タイプを用いて問題解決の道筋を説明している[5]．

このように，プロトコル分析はアプローチしにくかった意思決定やイメージの操作などの人間の思考過程に関わる問題に取り組む手段となっている．学生の課題をこのプロトコル分析を用いて以下のように調べてみると，さらに深く「視点」の特徴を理解できる．2か月の設計期間中に週2回ずつ計12回のヒアリングを行った．毎回のヒアリングでは，各自の設計した内容を自由に説明してもらいながら，その記録と描かれたスケッチを手がかりにして，空間をつくりあげていく様子を調べた．学生の言葉をすべて録音した上で，エスキース用のノートに描かれたスケッチやトレーシングペーパーなどに残された図面もすべて収集した．

ヒアリングで得られた被験者の言葉は，以下の手順に沿って文書化され，「視点」が抽出された（なおこのプロトコルの操作は，Eckersleyの手順に準拠している）．① カセットによって録音されたヒアリングの内容を，同時に収集されたスケッチを参照しながら文書化する．② 文書化されたデータを，「敷地の見学」，「資料の検討」，「ホワイエのエスキース」など，そのテーマ別にいくつかのまとまりに分割する．③ それぞれのまとまりから空間の情報や空間の操作に関するものをプロトコルデータとして抽出する．「見る」・「眺める」などの見る行為を表す言葉，「感」・「明るい」・「暗い」などの空間から受ける感覚，「～に向かう」・「～に接する」などの空間内の人々の行動・活動を示す表現などに着目して抽出する．④ これらのプロトコルデータを対象にして，3人の分析者が「視点」の「位置」と「対象」のプロトコルを抽出し，その結果を3人の分析者間で照合し，2人以上が一致している場合に採用する．

イメージされる空間は，抽象的なものから具体的なものまで広い幅をもっており，そのすべての空間を捉えることはできない．スケッチがあっても3次元の空間になっていないものや言葉だけで空間としての具体性をまったくもたないものなどが，設計の初期には多く見られる．このようなイメージ空間の分析をするにあたっては，プロトコルデータとして収集することができたもののうち，「視点」の「位置」と見る「対象」が特定できる程度に具体性をもった空

3.2 空間との対話

間を選んでいる．

c. 「視点」の発生を捉える

集められた「視点」は，いろいろな「場面」を単独で設定しているものから複数の空間を組み合わせている複雑なものなど，その数と内容はそれぞれが異なっている．しかし，いくつかの共通した特徴のあることもわかる．図3.8に示すように，抽出された「視点」は，立っている場所と見ているものが同じ空間内に含まれている場合と，別々の空間に分かれている場合とがある．そして，「視点」が抽出されたプロトコルが表している空間の見方にも，以下の3つのタイプがある．① 設計者の立っている場所とそこから見えるものを，1対1の関係で捉える，② ある一定の場所から周辺を見渡したり複数の空間を見比べたりすることで，それぞれの空間の関係を捉える，③「視点」の位置が空間を移動して，空間の関係や見ている空間との関係を捉える．このような空間の対応と空間の見方によって，「視点」をいくつかのパターンに分けることができる．図3.9は，横軸に①〜③の「視点」の位置と対象との関係をとり，縦軸に「視点」と空間との関係をとって，その捉えた「視点」の代表的な12のパターンを整理している．

学生から得られた「視点」をこのパターンにあてはめてみると，使う類型数が最も少ない3類型の学生から最も多い7類型の学生と大きな幅をもっている．その中では，「位置」と「対象」が1対1の対応関係をもっている基本的な「視点」Spo，Sp-oを用いる割合が高く，逆に空間の中で「位置」を移動するという複雑なイメージを必要とする「視点」は使われにくい．また，この基本的な「視点」は，初期の段階から現れ，複雑な「視点」は設計の後期に現

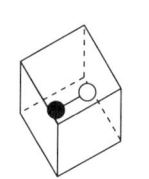

1)「位置」と「対象」が同一の空間に含まれる　　2)「位置」と「対象」が別の空間に分かれている

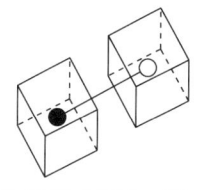

図3.8　「視点」の基本的なパターン

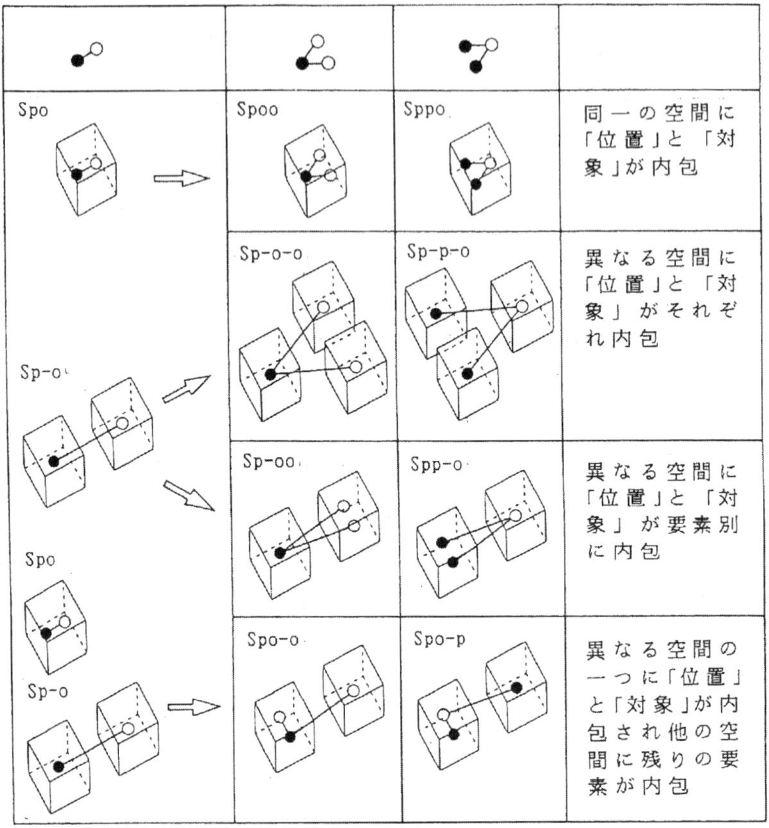

152　3．デザイン方法の中の環境行動

図3.9　「視点」のパターン

れるという差がある．移動を伴う複雑な4つの「視点」は，空間の捉え方が複雑であり，設計がある程度進んでイメージされる空間がより具体的になって初めて実現できる見方である．つまり，単純な見方の「視点」だけを頼りに設計をしている学生と，複雑な「視点」も含めてその類型を幅広く用いて設計をしている学生がいることがわかる．

d.　空間の生成につながる「視点」の結合と分割

　設計の過程で浮かぶ空間のイメージは，ひとつひとつが独立したものではなく，相互に関連性をもっている．「視点」の相互関係に注目して，空間をイメ

3.2 空間との対話　**153**

ージするときに起点となったり，そこから成長したりする様子から，「視点」の生成に関する特性を設計プロセスの中で見ることができる．

　学生が「視点」を生成する道筋をたどってみると，多くの場合はその前の「視点」を受けて空間の内容を少しずつ変化させながら，新たな「視点」が続いていることがわかる．その中で，2つの「視点」が組み合わされて新しい「視点」をつくっているものや，「視点」の「位置」または「対象」の空間が2つに分けられて新しい「視点」が生まれている場合など，いくつかの特徴的なものが発見できる（**図3.10**）．これらは「視点」の結合と「視点」の分割とも呼べるものである（**図3.11**）．たとえば，エントランスの内部を移動しながら

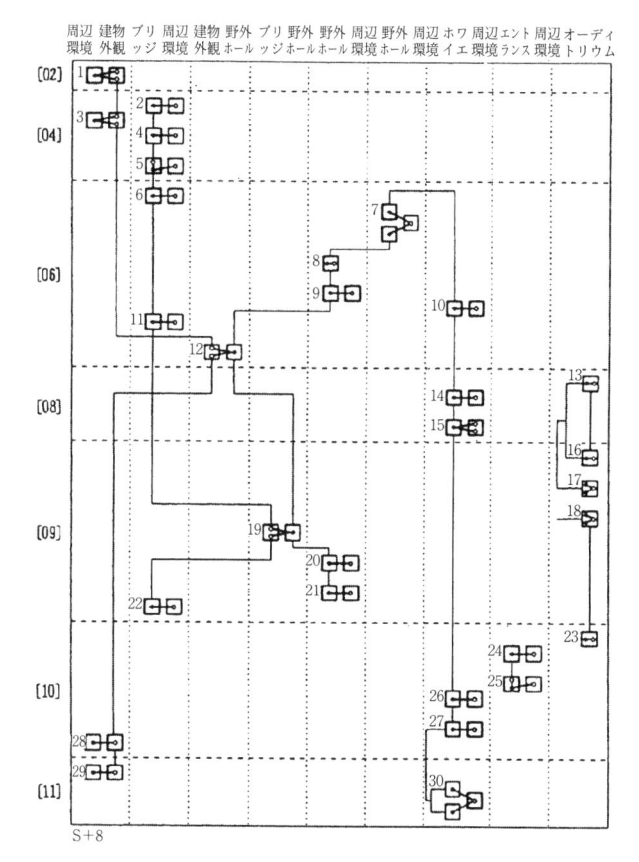

図3.10　「視点」の生成プロセス例

「視点」の結合 　　　　　　　　　　　　　　「視点」の分割

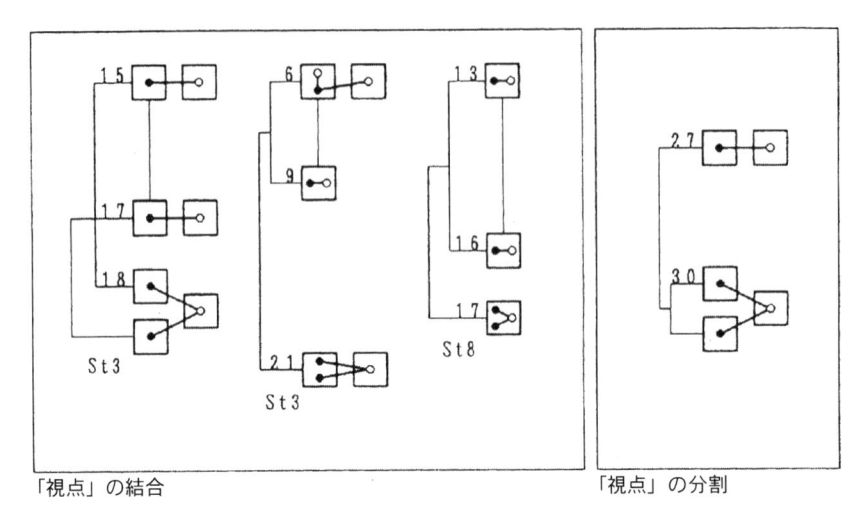

図3.11 「視点」の結合と分割[24]

　湖を眺めるという「視点」と，エントランスの上部に新たに空間をイメージした「視点」が設計の初期に現れる．これらの「視点」によって2つの空間が内部のスロープで湖と関係づけられ，エントランスの空間として結合されるという「視点」が生成される．また，ホワイエから湖を見渡す「視点」は，ホワイエを分割してレストランをつくるという「視点」につながる．「視点」の結合・分割のいずれの場合にあっても，「位置」を複数もったり「位置」を移動したりすることで，この結合・分割の操作を行っているのが特徴である．「視点」の中では現れることが少なかった「位置」を移動するという「視点」は，このように空間を組み合わせる役割を担っていると考えられる．この「視点」の結合・分割という操作によって，空間はさらに具体化され，複雑に組み合わされている．

　また，それぞれの「視点」の推移の中には，設計プロセスの期間中に同じ空間を何回か重複して扱っているものがある．同じ空間を見ている「視点」を実線で結んで，図の中でも上下に伸びる線で表してみると，これらの線はイメージする空間ひとつひとつの履歴となり，「視点」の展開の道筋を示してくれる．この場合に全体の中で中心となり軸となる空間には，数多くの「視点」が含まれている．1つの軸に含まれる「視点」の数の多少によって設計でのイメージ

の中心と周辺とが分けられる．この「視点」の軸をよく見てみると，空間の中心となるものとそこから枝分かれして新たにつくりだされるものとがあり，「視点」がこの軸とつながりをもちながら発生と結合・分割を繰り返している．まるで，空間の幹と枝のようにも思える．

　湖の上にかかるブリッジや野外ホールなどの外部空間に関する「視点」が数多く確認される例では，ブリッジは，オーディトリウムと野外ホールと周辺の環境とを結びつけているもので，ここで「視点」の軸が他の軸と連結され，枝がたくさん伸びている．この「視点」の軸と枝をつくるという操作は，イメージしている空間を相互に結びつけ，その相対的な関係を同定している．同時に，「視点」の操作に活性を与えて，軸の新たな展開を可能にしているとも考えられる．

　軸のまわりに派生する「視点」をたくさんもっているものがある一方で，軸につながる「視点」が他とまったくつながりをもたない空間もあり，このような「視点」の派生は，空間の広がりと多層性にも関わっている．枝が伸びていない空間の軸がその設計での中心となる場合や，途中で「視点」が派生しないものは，その操作に問題がある場合が多いと考えられる．注目した「視点」という考え方を用いて，空間の創造・イメージの組み立てという不明快な操作に少しでも近づこうと，思考の中での「視点」の操作の特性を分析していくことが，空間の創造や空間の豊かな構成の方法を解明し，コルビュジェがもっていた豊かな空間へのまなざしに向かっていくものだと期待している．

e. 設計と想像の中の空間で行われる環境行動

　建築設計をしているときに，設計者は描いている空間の中で様々な擬似体験をしている．それらの擬似体験の仕方は設計者それぞれで違い，イメージする空間での環境行動が設計に影響を与えている．C. Alexander の「パターン・ランゲージ」[11] で述べられている空間の構造や構成の方法は，彼が長年，徹底的に観察・分析してきた結果に基づいて空間をパターン化し，言語化している．日常的に行われている生活行為によりつくられた空間の中から優れている要素をピックアップし，言語化することにより設計の参考資料としている．

　昨今，人間と環境との関係に関する建築計画理論が多く提案されるようにな

ってきている．「人間－環境系のデザイン」[12]では，伊藤豊雄が東京大学（1988年と1989年）で行った設計教育の試みを紹介している．一般的に，設計された建築によって様々な行為が営まれ，それが生活環境となる．ここでは，逆に「行為」からの建築設計を試みている．このプロセスで求められているのは，抽象的な命題表現やダイアグラムではなく，たとえばこんな感じで座ることのできる椅子，その背後をこのように包み込む壁というように，具体的な行為の場をつくる物理的なオブジェクトである．伊藤が行った設計教育は，「行為」に基づいて空間をつくるもので，パターン・ランゲージと違い規範的な空間構成の制限がないため，普段生活している空間の体験や空間のボキャブラリーが必要となってくる．本節では，このようなイメージの中で行われる環境行動と設計との関わりについて述べたい．

f. 「場面」の中の人の行動

設計者は，多面的な諸条件を考察し，まとめながら空間づくりを進めていく．隣接する建物や道路との関係など法令で定められている物理的な条件，方位や通風などの自然がもたらす自然環境条件，遠くに見える風景や風土などの周囲の環境から影響される精神的な条件，必要とする諸室や空間容積など物理的な室空間の条件，安全に生活するための建物構造の条件など，様々な条件を念頭に置きながら設計を進めている．しかしながら，これらの条件がすべて明確になっていても，設計の解は1つではない．一般的には，前述した条件の中でも曖昧な条件がある．たとえば，風景や風土などに影響される精神的条件は，建物を利用する人によって千差万別である．また，空間容積などの物理的な条件で，容積が一定でも空間の形が異なると受ける印象が異なる．このように曖昧な要素が数多く存在する．さらに空間をつくる上で重要な要素でありながら一般的に明確になっていないのは，空間のつながり方や空間の質，コンセプトなどである．これらの要素がさらに設計を複雑にしている．これまでに述べた条件や要素をまとめていく作業が計画や設計になるが，このときに多くの条件や要素をつなげていくのが，「場面」である．

「場面」は，周囲の情景や設計の対象となる建物，環境，設計者自身が行う行為や他者の行為などで構成されている．なかでも，イメージする空間の中で

3.2 空間との対話　157

設計者自身が自ら行う行為と他者が行う行為があり，それらを分類すると「見る」，「思う」，「振る舞う」，「移動する」の4系があり（図3.12），さらに「見る」，「眺める」，「思う」，「〜したい」，「雰囲気を感じる」などの16類系に分類できる．とくに，系・「思う」の行為を使った「場面」は，臨場感溢れるものになるが，設計者による差異が大きく，空間知覚と強い関係にある．この系・「思う」の類系・「思う」，「〜したい」，「疑問に思う」が場面を展開していく上で非常に重要な行為である．たとえば，あるイメージ空間に設計者自身を投影して「天井から光が落ちてくる」，「暖かい」など，空間を知覚した後，

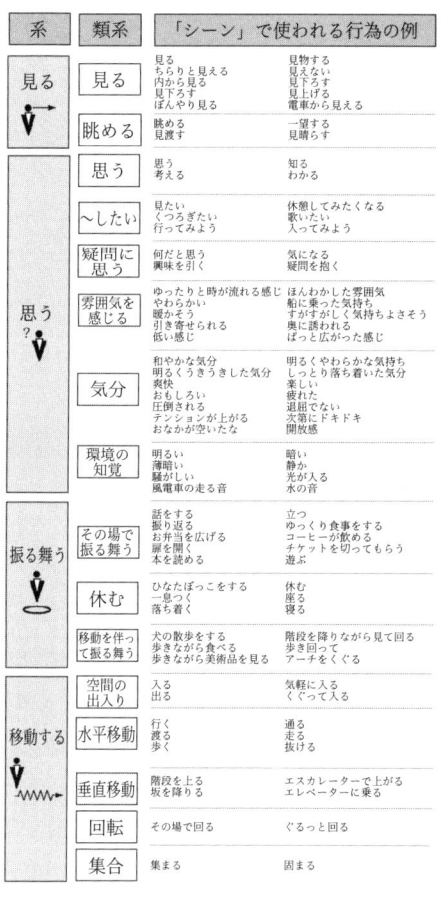

系	類系	「シーン」で使われる行為の例	
見る	見る	見る ちらりと見える 内から見る 見下ろす ぼんやり見る	見物する 見えない 見下ろす 見上げる 電車から見える
	眺める	眺める 見渡す	一望する 見晴らす
思う	思う	思う 考える	知る わかる
	〜したい	見たい くつろぎたい 行ってみよう	休憩してみたくなる 歌いたい 入ってみよう
	疑問に思う	何だと思う 興味を引く	気になる 疑問を抱く
	雰囲気を感じる	ゆったりと時が流れる感じ やわらかい 暖かそう 引き寄せられる 低い感じ	ほんわかした雰囲気 船に乗った気持ち すがすがしく気持ちよさそう 奥に誘われる ぱっと広がった感じ
	気分	和やかな気分 明るくうきうきした気分 爽快 おもしろい 圧倒される テンションが上がる おなかが空いたな	明るくやわらかな気持ち しっとり落ち着いた気分 楽しい 疲れた 退屈でない 次第にドキドキ 開放感
	環境の知覚	明るい 薄暗い 騒がしい 風車の走る音	暗か 静か 光が入る 水の音
振る舞う	その場で振る舞う	話をする 振り返る お弁当を広げる 扉を開く 本を読める	立つ ゆっくり食事をする コーヒーが飲める チケットを切ってもらう 遊ぶ
	休む	ひなたぼっこをする 一息つく 落ち着く	休む 座る 寝る
	移動を伴って振る舞う	犬の散歩をする 歩きながら食べる 歩きながら美術品を見る	階段を降りながら見て回る 歩き回って アーチをくぐる
移動する	空間の出入り	入る 出る	気軽に入る くぐって入る
	水平移動	行く 渡る 歩く	通る 走る 抜ける
	垂直移動	階段を上る 坂を降りる	エスカレーターで上がる エレベーターに乗る
	回転	その場で回る	ぐるっと回る
	集合	集まる	固まる

図3.12　「場面」の形成と仮想される人の行動

「中庭の向こうにガラスの空間が見えた．気持ちよさそうなので行ってみたくなった．」というように，「行ってみたい」という欲求がきっかけで，次の「場面」へと連続的に展開していく．未熟な設計者は，「場面」が短く途切れており，複数の「場面」が連続しないことが熟練した設計者と大きく異なっている．このような「場面」を誘発するような行為には，次のようなものがある．

類系・「思う」：思う，感動する，共感する，がんばろうと思う，また来よう，感じる，美しい，等

類系・「〜したい」：〜したい，集中したい，素足で歩きたい，体験したい，集まりたい，見たい，行ってみたい，等

これらは一部の例で，他にも数多くある．このような行為を使って，「場面」を連続的に行うことにより，創造的な「場面」が形成できると考えられる．つまり，創造的な空間の創出にも有効に働くことになる．そして，この連続的な「場面」が空間のシークエンスをつくることにつながっている．そのとき，設計時において知覚している空間が，スケッチ空間を越えてスケッチ外にもあることが重要である．

g. 「場面」で想像される人の行動と空間生成

「場面」と空間生成の関係について見ると，雰囲気や形などの空間の質をつくっている「場面」と，空間と空間をつないでいる「場面」がある．また，「場面」が設定されている位置とその「場面」が影響を与えている空間との関係で見ると，「場面」が設定されている空間だけを操作しているものと「場面」が設定されている空間以外の空間を操作しているものに分けられる．これらの関係を整理して表すと次のとおりとなる（**図 3.13**）．

熟練した設計者は，これらの空間生成作法を多様に使い，スケッチ以外の空間も知覚し「場面」を設定しながら設計を行っている（**図 3.14**）．一方，未熟な設計者は，スケッチ空間内だけで「場面」設定と操作空間が完結しており，空間知覚の領域がスケッチ内だけに限定されることも多い．これらのことから，知覚している空間がスケッチ空間外にもあり，知覚する空間領域が限定されないことが重要である．空間認知の仕方で「場面」の設定が異なり，「場面」設定の仕方が空間のつくり方に影響を及ぼしている．

3.2 空間との対話　159

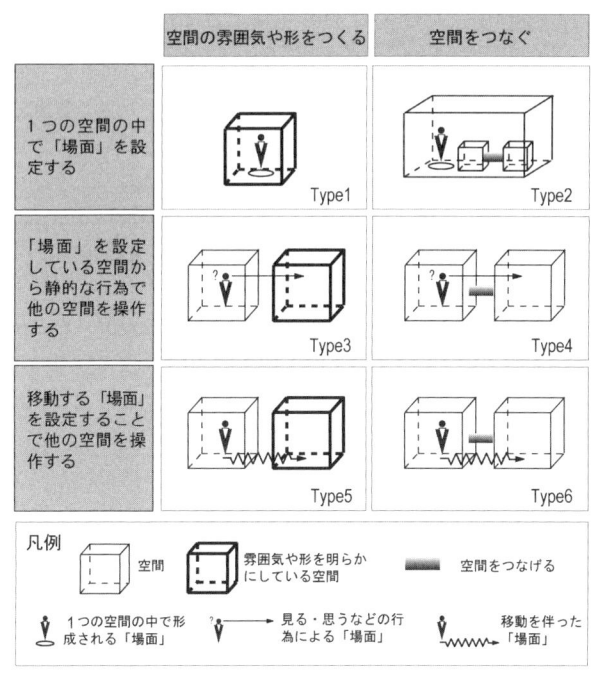

図 3.13 「場面」と空間生成

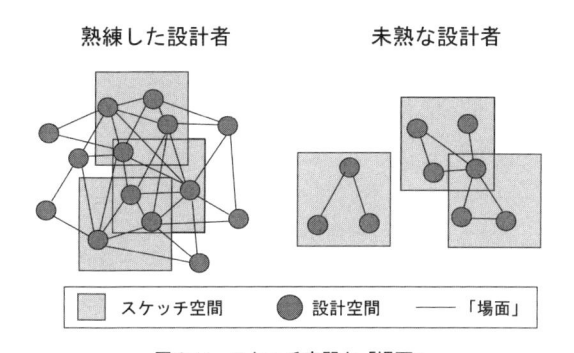

図 3.14 スケッチ空間と「場面」

h. 空間群と曖昧な空間で想像される人の行動

　設計者が設計を進めるとき，ある目的のために複数の空間で形成された空間群と，いつも単独で扱われている空間がある（図 3.15）．設計のテーマによっては，空間群を複数もつ場合と，空間群を 1 つしかもたない場合がある．これ

3. デザイン方法の中の環境行動

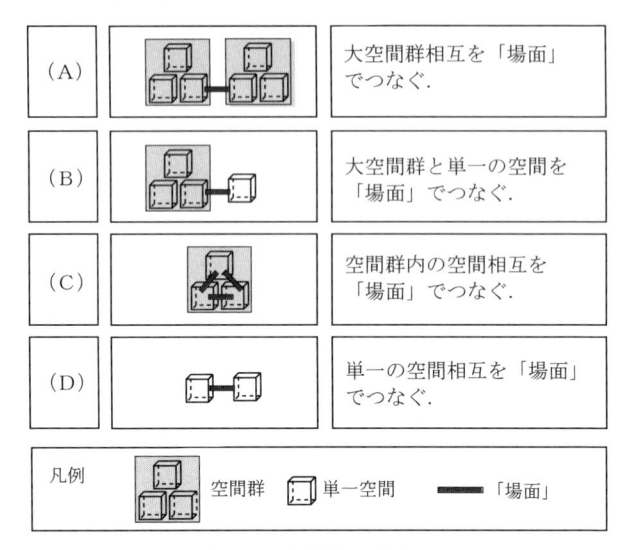

(A)	[大空間群2つ]	大空間群相互を「場面」でつなぐ．
(B)	[大空間群と単一空間]	大空間群と単一の空間を「場面」でつなぐ．
(C)	[空間群内]	空間群内の空間相互を「場面」でつなぐ．
(D)	[単一空間2つ]	単一の空間相互を「場面」でつなぐ．

凡例　[空間群] 空間群　[単一空間] 単一空間　━━━ 「場面」

図 3.15　空間群と「場面」

らの空間群を大小複数設定することが多く，大空間群相互あるいは大小の空間群を「場面」でつなぐことは設計を進める上で重要な役割を果たしている．この大空間群を複数もつ場合，コンセプトや設計の基軸となる空間も複数もっていることが多く，複合施設などではそれが顕著に出る．

そのため，質の異なった複数の空間群をつなぐために試行錯誤を繰り返すが良いアイディアが浮かばず，設計が行き詰まってくるケースが多い．しかし，設計の開始から最後まで設計がスムーズに進んでも，設計の最終作品の出来が良いとは限らず，むしろ，複数のコンセプトや基軸となる空間のつなぎ方やまとめ方が設計評価につながっていることが多い．このことから，意識した「場面」も，設計をスムーズに進めることだけが目的ではなく，創造性を膨らませたり，行き詰まった状況を抜け出すためのツールとして利用することが望ましい．

一方，「ホールを通って，トイレや何かに行くということになってくる」，「この辺の間に入り込んでくるようなスペースを考える」(図 3.16) というように，室名や空間機能などがはっきりしていない曖昧な空間を使う場合がある．曖昧な空間は，出現してすぐ確定するものや，すぐに消滅するものがあ

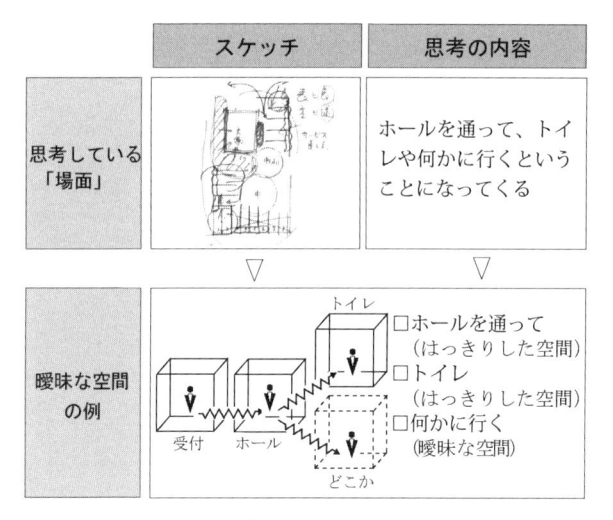

	スケッチ	思考の内容
思考している「場面」		ホールを通って、トイレや何かに行くということになってくる
曖昧な空間の例		□ホールを通って（はっきりした空間） □トイレ（はっきりした空間） □何かに行く（曖昧な空間）

図 3.16 曖昧な空間

る．また，出現してから曖昧な空間を保ちながら設計を進めている場合がある．この曖昧な空間は様々な空間とつながりやすく，「場面」をつくりやすい特徴をもっている．熟練した設計者は，空間を確定しながらも，いつでも状況に応じて空間を変えられる状態で操作し，設計を進めている．

このような曖昧な空間は，固定的な概念や空間の質がないために，様々な用途の空間や空間群とつながることができる．そのために，しばしば空間群相互をつなぐ役目を果たすことがある．たとえば，空間群の間に曖昧な空間を置いたり，曖昧な空間を空間群の中に設定して「場面」でつなぐケースがある．また，考えている一連の空間群の終端に用いて，次に空間がつながる余地を残しておくケースもある．さらに，曖昧な空間に他者を用いることにより，2つの空間群で展開されたそれぞれの「場面」が他者を通じて共有され，空間のストーリーとして一体化される場合もある．両者の空間の質がまったく違ったり，距離が離れている場合でも，他者を用いて「場面」をつなげることにより，コンセプトを1つにまとめていくことができる．

i. 想像の中の「場面」からみた設計の進み方

設計者は，設計の途上で空間をつくったり消去したり，いくつかの問題を乗

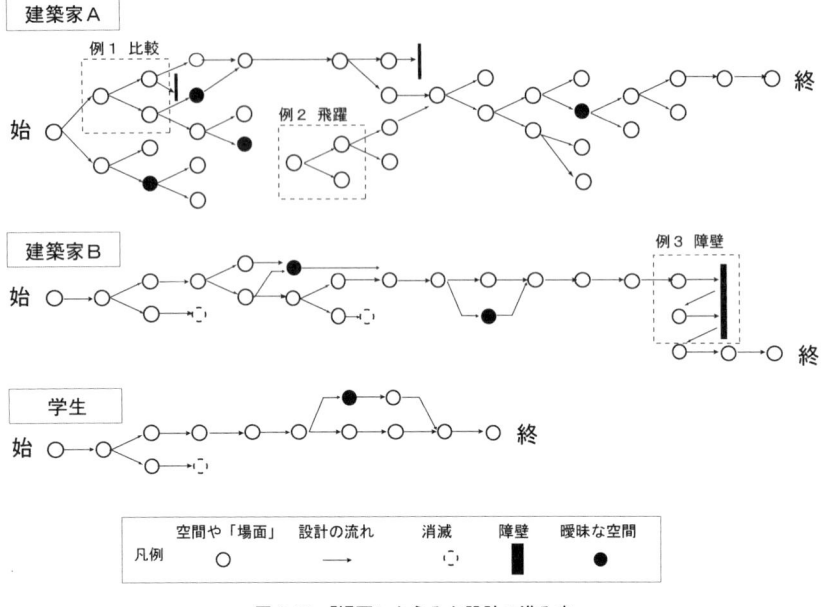

162　3．デザイン方法の中の環境行動

図3.17　「場面」からみた設計の進み方

凡例：空間や「場面」○　設計の流れ →　消滅 ◌　障壁 ▮　曖昧な空間 ●

り越えながら設計を進めている．ここでは，設計が始まってから終了するまでの進行状況を，熟練した設計者（建築家A，建築家B）と未熟な設計者（学生）の例を挙げて説明する．図3.17は，次のような視点で模式図に表したものである．

① 空間や「場面」の出現状況
② それぞれの空間や「場面」が相互に影響している様子
③ 問題が発生したときの障壁の状況

この例では，空間や「場面」の数を建築家Aが比較という方法で広げ，建築家Bは学生に比べて長く直線的に広げている．建築の設計者は，この比較と直進を混合させながら設計を進めており，設計者によりその利用の仕方に特徴がある．

ここで，空間や「場面」を増やすきっかけになっている設計の進行の特徴をいくつか紹介する．

1) 比　較

建築家Aは「建物の形は自由に配置する点在型がよいか，もしくは固まった建物がよいか」（図3.17例1）というように空間や「場面」を繰り返し比較しながら進めることが多いために，樹形のように広がりのある設計プロセスになっている．また，同様に具体的なシークエンスをも比較している．建築家Bと学生にも比較は見られるが，そのときに採用されなかった他方の空間や「場面」は，以後出現していない．

2) 飛　躍

建築家Aは，それまで開口部などによる建物のファサードを考えていたが，突然駐車場について考えはじめた（図3.17例2）．このように，それまで思考していた内容から飛躍して，突然違う空間や「場面」を思考しており，そこで考えたことが後に幹となる思考プロセスに影響を与えている．

建築家Aに見られるような，突然に思考が飛躍して発生させた空間や「場面」は，一度中断したものの後々に他の空間や「場面」に影響を与えており，囲碁の布石のような役目を果たしている．

3) 障　壁

建築家Bは子どもの空間と年寄りの空間をつなげたかったが，年寄りの使用する建物を半地下にすると階段を昇ったり降りたりするのが困難だと判断し，アプローチをどうしようか悩み，設計が先に進まなくなった（図3.17例3）．後にエレベーターを使い，さらに空間と空間をブリッジで結ぶことにより子どもの空間と年寄りの空間をつなげ，この障壁を乗り越えることができた．

建築家Aの設計プロセスは，空間や「場面」を樹形のように広げているため，障壁が発生してもいくつかの別の方法が用意されているために障壁を回避しやすい．それに対して建築家Bの設計プロセスは，何度も同じ行為で「場面」を展開させ空間を押し広げる設計方法である．この方法は，「場面」による空間のつながりが強固だった反面，まわりが見えず障壁が発生しやすくなっている．しかし，障壁は必ずしも設計にとって有害ではなく，障壁を越えることで良い設計につながることも多い．これは，設計上の問題設定の仕方に関係

4) 曖昧な空間

各設計者は，前項 h で述べたように設計を円滑に進めたり，後に他の空間や「場面」がつながりやすいように曖昧な空間を利用している．

j. 想像する空間における「場面」のつながり方

設計者が想像する豊かな「場面」は，ストーリーが長く連続している場合が多い．言い換えれば，連続したシークエンスが生まれていることになる．それでは，なぜ長く連続した「場面」が生まれるのだろうか．ここでは，設計者が行う問題設定の仕方と「場面」の連鎖について建築家 A と学生を例に挙げながら説明する．設計者がつくった空間に対し，空間操作の状況を時系列にプロットしたのが図 3.18 である．横軸はつくった空間，縦軸は進行を示している．また，設計を進めるにあたり，空間をつくったり操作している部分を丸で記した．丸と丸をつなぐ線は空間操作のつながりである．また，設計過程では思考が連続的に行われたり，思考する内容が途切れることがある．思考が途切れなく連続的に行われている部分を点線で囲み，連続的思考を行っていることがわかるように表した．空間操作のつながりを見ると，建築家 A は学生に比べてブロックの数とブロック内で操作された空間の数が多く，空間操作のつながりが鎖状に長く形成されている．

次に，連続的思考の部分を詳しく見るために，建築家 A と学生の思考内容の一部を図示した（図 3.19）．思考内容を丸で示し，中の番号は発話データの番号とした．丸と丸をつないでいる線は思考の関連を示す．また，丸が黒く縁取られている箇所は問題設定の思考が行われたことを示す．「～はどうするか」，「～を考える」など，問題設定されている箇所がいくつか見られる．また，建築家 A と学生ともに問題設定が連続的思考の起点となっており，建築家 A は，より複雑に問題設定に思考を関連づけている．さらに，いくつかある問題設定が，何らかの方法により相互に関連づけられている．問題設定は，空間を想像するための糸口であるため，その数と質は設計に大きく影響する．これらの図では表せないが，設定された課題に対して可能か不可能を考え，不

3.2 空間との対話　165

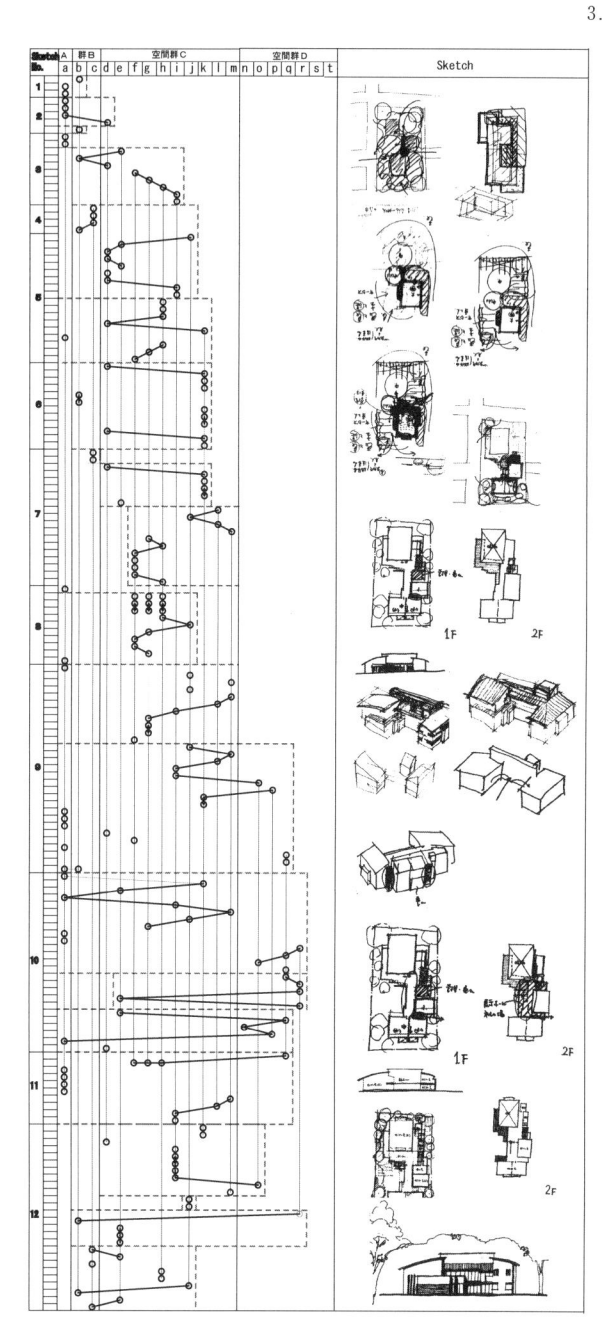

図 3.18(a)　建築家 A の空間操作

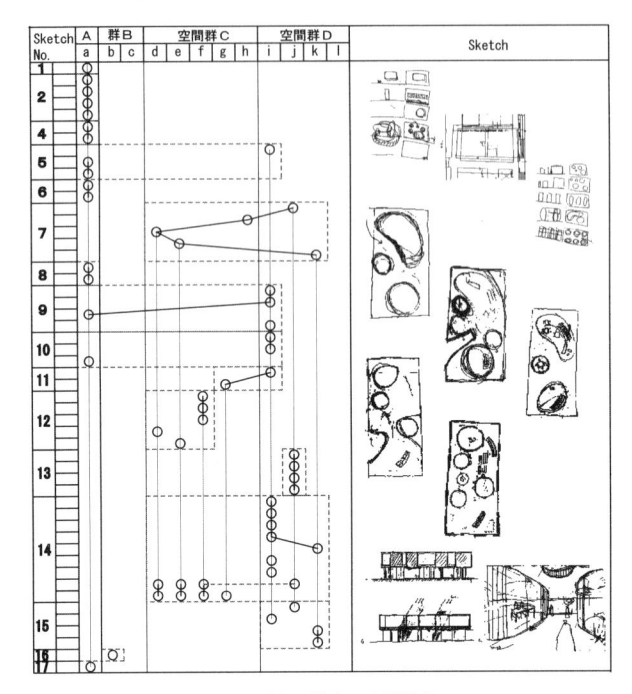

166 3. デザイン方法の中の環境行動

図 3.18(b)　学生の空間操作

可能な場合は代替案を考えてアイディアの幅を広げていくことと，一度出した案を決定するのではなく，さらに要素を加えて転用（雪だるま式）を繰り返しながら設計することも，連続的思考を支える1つの重要な要素である．

　この節では，建築の設計者が，設計のときにイメージしている空間の中での擬似体験について述べてきた．熟練した有能な設計者は，様々な行為を用いて連続した豊かな「場面」をつくることができ，スケール感を伴ってリアルに空間体験している．また，空間の曖昧さと変更可能な状況を保ちながら，設計を進めている．

　実務者が複雑で豊かな空間操作をすることができるのは，設計の早い段階から単一の空間を詳細にしていく作業と同時に，複数空間の関係を思考し，それらを操作する技能を身につけている点に1つの理由がある．また，設計の終盤のある程度形が決まっている中で複数空間を同時に操作することができるの

建築家 A

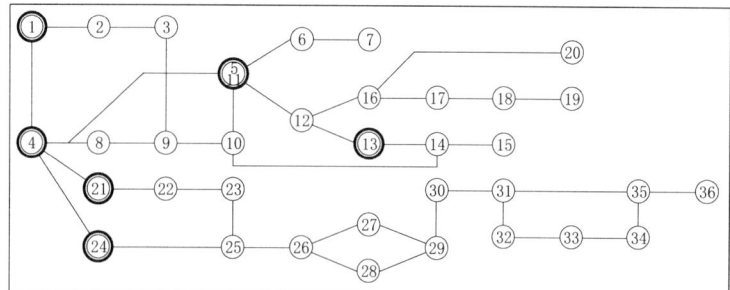

思考内容
1：どこが一番メインにするか
2：こちらの線路側からアプローチがある
3：仮に南側がメインというふうに考える
4：表から車と人、裏のサービスからの車と人という問題がある
5：地域から考えると
6：車を優先させた施設である必要はない
7：歩いてくるとか自転車で来るとか
8：表側に車のアクセスを考えなくてはならない
9：南口全体を全部使った段階でどのくらいおけるか
10：この一番いいところを駐車場にとられちゃう
11：やっぱり地域から考えていこう
12：何台かどうしてもとらなくてはならない
13：障害がある人のため考えると
14：地域に配慮をして駐車場を確保したい
15：縁を置いてそれから駐車
16：それ以外の駐車
17：裏側とか脇に駐車スペースを確保
18：せめて西側にこう回ってきてから留められるようにし
19：安全を考えるときにあまり生垣を高くしてしまうと運転席から見えないということもある
20：サービス用のスペースの後ろ側に車が置けるような
21：多少公共性の建物の場合は管理、受付みたいな、そういう部分も考えなくてはならない
22：人の出入りの一番多い、表と裏と両方、アクセスしやすい部分
23：今の配置でいうとこのあたりに管理があるほうがいいんじゃないか
24：大きなものの人の出入りはどうするか
25：あんまり受付周りで人が停滞しちゃうと、ごちゃごちゃしちゃって大変
26：大きなところへ行くのには、一箇所からやるとぐちゃぐちゃになっちゃいそうだ
27：こっちからも入れるほうがいいんじゃないか
28：場合によってはこう回れてこっちから入れるほうがいいんじゃないか
29：ここで集まった人達が、受付を済ましたら、ぐちゃぐちゃしないですっと流れるようにいく
30：形のボリュームでいっても
31：この辺までは幅が広くて、少しこの辺で細くなってもいいかな
32：ここがホールであるとすると、例えば待ち合わせなどもありうる
33：ダイレクトにこの施設の中をオープンにして、この中も見える。というのもいい
34：閉じて使わなくてはいけない場合でも、ホールに出れば町並みとの接点みたいなものになる
35：受付は必要な場所に行きやすいっていうような形になってくると
36：こちらにはそういうような、大勢の人がわっと入ってしまうのではなくて、分散して入って

凡例　○ 思考内容　── 思考の関連
　　　◎ 問題設定　番号 思考内容の番号

図 3.19(a)　思考の連鎖（建築家 A）

は，経験によりスケール感を身につけていることが大きく影響しているのではないだろうか．

　これまで，設計の創造性については説明が難しい部分が多く，技能の伝承的な方法がとられてきた．このような創造性の仕組みの一端を少しずつ明らかに

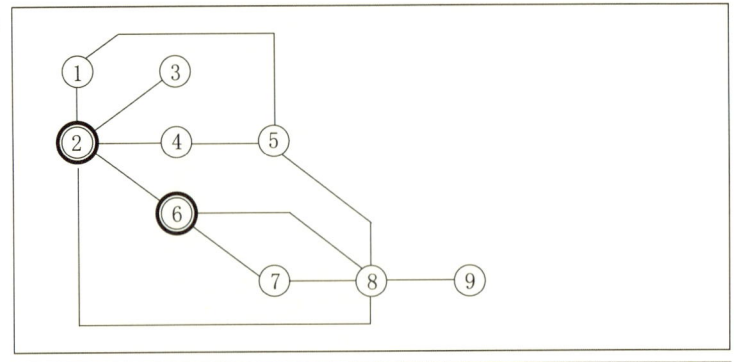

```
学生
```

思考内容
1：今は、二階の平面考えて
2：どういう光を落とすか
3：形の好き嫌いで決めてて
4：同じ大きさの丸がぽんぽんとあれば
5：それば2階の空間の仕切り方を決めるような配置にしよう
6：ピロティのところは暗くなったらいけないのでなるべく空けてはどうか
7：今、2階のボックスがポンと乗っている
8：結局ピロティに落とす光が空間仕切るようなつくり方を考えて
9：スパーッと通れるかどうかとか考えていて時間を使っている

凡例　○ 思考内容　—— 思考の関連
　　　◎ 問題設定　番号 思考内容の番号

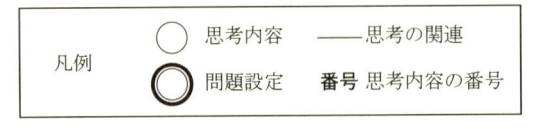

図3.19(b)　思考の連鎖（学生）

することにより，設計教育方法における可能性が広がることを期待している．

［西村伸也・和田浩一］

参 考 文 献

1) ル・コルビュジェ（中村貴志, 松政貞治訳）：ル・コルビュジェの手帖　東方への旅　Voyage d'Orient Carnets, 同朋舎（1989）
2) Lindsay, P. H. and Norman, D. H.：情報処理心理学入門III, サイエンス社, pp. 89-90（1984）
3) Eckersley, M.：The form of design process, a protocol analysis study, *Design Studies*, **9**(2), pp. 86-94（1988）

4) Akin, Ö.: An exploration of the design process, in Cross, N. (ed.), Developments in Design Methodology, John Wiley & Sons, pp. 189-207 (1984)
5) Schön, D. A.: Designing—rules, types and worlds, *Design Studies*, **9**(3), pp. 181-190 (1988)
6) 佐伯 胖：イメージ化による知識と学習，東洋館 (1978)
7) Dowing, F.: Conversations in imagery, *Design Studies*, **13**(3), pp. 291-319 (1992)
8) Yan, M. and Cheng, G.: Image-based design model, *Design Studies*, **13**(1), pp. 87-97 (1992)
9) 青木義次：相関類推法を用いた建築知識ベースの生成と類推，日本建築学会計画系論文報告集，第 389 号，pp. 62-71 (1988)
10) Krippendorff, K.: Content Analysis—an introduction to its methodology, Sage Publication (1980)
11) Alexander, C.: パタン・ランゲージ，鹿島出版会 (1984)
12) 日本建築学会設計方法小委員会：人間―環境系のデザイン，彰国社 (1997)
13) Bazyanac, V.: Architectural design theory—models of the design process, in Spillers, W. R. (ed.), Basic Questions of Design Tehory, North-Holland, pp. 8-16 (1974)
14) Zeisel, J.: Inquiry by Design—tools for environment-behavior research, Broooks/Cole (1981)
15) Lang, J.: Creating Architectural Theory—the role of the behavioral sciences in environmental design, Van Nostrand Reinhold (1987)
16) Miller, G. A.: The magical number seven, plus or minus two—some limits on our capacity for processing information, *Psychology*, **63**, pp. 81-97 (1956)
17) Simon, H. A.: Models of Thought, Yale Univ. Press (1979)
18) Hybs, I. and Gero, J. S.: An evolutionary process model of design, *Design Studies*, **13**(3), pp. 273-289 (1992)
19) 尾島俊雄，鹿島昭一，香山壽夫，矢野克巳，船越 徹：21 世紀に向けての建築教育，建築雑誌，**107**(1335), pp. 12-19 (1992)
20) 香山壽夫：教えることと育てること，建築雑誌，**109**(1362), pp. 18-19 (1994)
21) 渡辺豊和：言語のイメージ喚起力，建築雑誌，**109**(1362), pp. 32-33 (1994)
22) 内井昭蔵：設計組織での教育から大学での教育へ，建築雑誌，**109**(1362), pp. 45-46 (1994)
23) 高橋鷹志，横山ゆりか，大野隆造：建築計画研究から人間―環境研究へ，建築

雑誌, **110**(1373), pp. 19-21 (1995)
24) 西村伸也, 高橋鷹志, 服部久雄, 石田滋之, 藤井昌幸：空間認識からみた設計の思考プロセスの考察, 日本建築学会計画系論文集, 第455号, pp. 87-96 (1994)
25) 和田浩一, 西村伸也, 高橋鷹志, 伊藤隆行：設計教育における準実験的試み—「場面」設定が設計に与える影響—, 日本建築学会計画系論文集, 第516号, pp. 145-151 (1999)
26) 和田浩一, 西村伸也, 高橋鷹志, 高橋百寿, 伊藤隆行, 益子光憲：学生の設計プロセスにおける不確定空間と確定空間—設計教育における準実験的試み 3—, 日本建築学会大会学術講演梗概集, pp. 525-526 (1999)
27) 和田浩一, 西村伸也, 高橋和也, 周博, 高橋鷹志：3 D-CAD を用いた設計手法に関する研究—設計教育における準実験的試み その2—, 日本建築学会計画系論文集, 第549号, pp. 169-176 (2001)
28) 和田浩一, 佐藤晴香, 山中理, 府川直人, 西村伸也, 高橋鷹志：実務者の建築設計プロセスに関する研究—その1 建築のエスキスにおける思考の連鎖—, 日本建築学会大会学術講演梗概集, pp. 553-554 (2006)
29) 佐藤晴香, 和田浩一, 山中理, 府川直人, 西村伸也, 高橋鷹志：実務者の建築設計プロセスに関する研究—その2 建築のエスキスにおける空間認識—, 日本建築学会大会学術講演梗概集, pp. 555-556 (2006)

索　引

〔ア行〕

曖昧さ　166
曖昧な空間　160, 164
アーカイブス　39
アプローチ
　　解―中心の――　127
　　問題―中心の――　127
主　95

居合わせる　120
意思決定
　　――のプロセス　85
　　住民の――　51
「意地悪な」問題　133
位置と対象　149
イメージ　146, 152
　　空間の――　146
イメージ空間　150
インテリジェントビル化　58

Akin, Ö.　129, 149
Eckersley, M.　129, 149

応急仮設住宅　25
OA化　58
オープンカフェ　27
お店　108

〔カ行〕

改善　5
改造　28

　　居住者による――　29
改造ノウハウ　32
改造率　28
解―中心のアプローチ　127
仮設カフェ　29
仮設住宅改造　32
仮設de仮設カフェ　27, 31
仮設の知恵　35, 36
価値や意味をもつ場所　36, 37
カフェ　31
可変性　18
雁木づくり　42, 45
環境移行　17
環境行動　156
環境親和性　21
環境態度　22
関係
　　主客の――　112, 114
　　中間的な――　105

危機的環境移行　26
擬似体験　148, 155, 166
既存ストック　117
協働　12
　　住民と学生の――　52
共有される情報　29
居住環境への働きかけ　28
居住者による改造　29

空間
　　――のイメージ　146
　　――のつながり方　145

――の雰囲気や形をつくる　159
　　――の見方　146
　　――をつなぐ　159
空間群　159, 161
空間生成　158
空間操作　164, 166
空間知覚　157, 158
空間認知　158
空間領域　158
グループウェア　77
グループワーク　77

計画地の調査　46
計画案の検討　47
言語化　149, 155
建築家　124, 129, 132, 133, 142

行為　150, 156, 158
　　創造的な――　148
高齢者　95
コーディネーター　13
孤独死　34
子ども　95
誤描画率　63
コーポラティブ住宅　3
コミュニケーション活性化　71, 75
コミュニケーションツール　14
コミュニケーションの機会　71
コミュニティ　25, 27, 35
コミュニティ・カフェ　95
コルビュジェ　132, 145
コンセプト　160, 161
コンペティション　48

〔サ行〕

Simon, H. A.　128, 149
サテライトオフィス　58
参加のデザイン　7

支援型調査　40
視覚的なプライバシー　67, 69
シークエンス　158, 164
思考過程　149, 150
思考内容　164
システムズアプローチ　125
視点　146, 148, 149, 151, 155
　　――の結合　154
　　――の軸　155
　　――の操作　155
　　――の分割　154
集会所　34
集合住宅の再生　5
集団分極化現象　86
住民
　　――が参加するまちづくり　42
　　――と学生の協働　52
　　――の意思決定　51
住民参加　80
　　――のプロセス　8
主客の関係　112, 114
熟練した設計者　158
障壁　163
情報交流型調査　32, 37, 40
情報
　　――の共有　90
　　――の橋渡し　31
　　共有される――　29

水平的関係　12
スケッチ　145, 158
スケッチマップ　62
スケール感　166
スタッグ型　61
ストーリー　164
住み手参加　3

成果主義　77

生活行為　155
生活知　14
設計
　——の質　83
　——の進行の特徴　162
設計過程　149, 164
設計教育　124, 142
設計条件　71, 73, 78
設計組織　80
設計チーム　80
設計プロセス　77, 153
接触　97
専門知　14

相互監視的状況　35
相互浸透　12
操作空間　158
創造　125
創造的　127
　——な行為　148
増築　28
即地・即人的な計画　16
組織内部の情報伝達　85

〔タ行〕

ダイアグラム　131, 140
対向島型レイアウト　58, 60
対話　14
他者　161
建替え　5
談話室　34

地縁　34
中間的な関係　105

強い計画性　17

デザイン　125
　——の質　52
　参加の——　7
デザイン思考　125, 128, 140, 142
テリトリー　59

同向式レイアウト　61
ドローイング　124
ドローイング生成　140, 142

〔ナ行〕

7.13水害　25
ナレッジマネジメント　77
なわばり　59

新潟県中越地震　25

ネガティブケイパビリティ　22
ネットワーク　76

〔ハ行〕

パーソナルスペース　67
パターン・ランゲージ　155
パブリックな場所　118
場面　146, 147, 156, 158, 161, 163
阪神大震災　34

比較　163
人の行動　157
飛躍　163
表出物　28
描図による問題解決　139

ファシリティマネジメント　58
ファシリテーター　13
プライバシー確保　71, 75
フリーアドレス　58, 67
フリーアドレスオフィス　67, 70
ブリコラージュ　117

ふれあいリビング 96, 99
フレックスワーク 77
プロクセミクス 67
プログラミング 70, 77
プロトコル分析 128, 129, 149, 150

ボキャブラリー 156
ポジティブケイパビリティ 22
ホスピタリティ 111

〔マ行〕

まちづくり 42, 45
　——の教育プログラム化 53
　住民が参加する—— 42
まとまり 87

明文化された定義が少ない問題 133

目視調査 27
模型地図 37
問題解決 125, 127
　描画による—— 137
問題解決行動 126, 141, 142
問題設定 164
問題一中心のアプローチ 127

〔ヤ行〕

与条件 71
余地性 18
弱い計画性 17

〔ラ行〕

ライフステージ 27

リスキーシフト 86
領域
　——の機能 67
　——の形成過程 65
　——の成立 62, 63
　——の成立要因 67
領域性の強さ 59
領域操作 71
領有感 21

連続的思考 164
Lawson, B. R. 126, 127

〔ワ行〕

ワークプレイス 58

シリーズ〈人間と建築〉 3
環境とデザイン　　　　　　　定価はカバーに表示

2008 年 2 月 10 日　初版第 1 刷

|編者|高橋鷹志|
|長澤泰|
|西村伸也|
|発行者|朝倉邦造|
|発行所|株式会社 朝倉書店|

東京都新宿区新小川町6-29
郵便番号　162-8707
電話　03(3260)0141
FAX　03(3260)0180
http://www.asakura.co.jp

〈検印省略〉

Ⓒ 2008〈無断複写・転載を禁ず〉　　　中央印刷・渡辺製本

ISBN 978-4-254-26853-9　C 3352　　　Printed in Japan

京大 古阪秀三総編集

建築生産ハンドブック

26628-3 C3052　　B 5 判 724頁 本体32000円

建築の企画・設計やマネジメントの領域にまで踏み込んだ新しいハンドブック。設計と生産の相互関係や発注者側からの視点などを重視。コラム付。〔内容〕第1部：総説（建築市場／社会のしくみ／システムとプロセス他）第2部：生産システム（契約・調達方式／参画者の仕事／施設別生産システム他）第3部：プロジェクトマネジメント（PM・CM／業務／技術／契約法務他）第4部：設計（プロセス／設計図書／エンジニアリング他）第5部：施工（計画／管理／各種工事／特殊構工法他）

前奈良女大 梁瀬度子・和洋女大 中島明子他編

住 ま い の 事 典

63003-9 C3577　　B 5 判 632頁 本体22000円

住居を単に建築というハード面からのみとらえずに、居住というソフト面に至るまで幅広く解説。巻末には主要な住居関連資格・職種を掲載。〔内容〕住まいの変遷／住文化／住様式／住居計画／室内環境／住まいの設備環境／インテリアデザイン／住居管理／住居の安全防災計画／エクステリアデザインと町並み景観／コミュニティー／子どもと住環境／高齢者・障害者と住まい／住居経済・住宅問題／環境保全・エコロジー／住宅と消費者問題／住宅関連法規／住教育

前千葉大 丸田頼一編

環 境 都 市 計 画 事 典

18018-3 C3540　　A 5 判 536頁 本体18000円

様々な都市環境問題が存在する現在においては、都市活動を支える水や物質を循環的に利用し、エネルギーを効率的に利用するためのシステムを導入するとともに、都市の中に自然を保全・創出し生態系に準じたシステムを構築することにより、自立的・安定的な生態系循環を取り戻した都市、すなわち「環境都市」の構築が模索されている。本書は環境都市計画に関連する約250の重要事項について解説。〔項目例〕環境都市構築の意義／市街地整備／道路緑化／老人福祉／環境税／他

元東大 宇津徳治・前東大 嶋　悦三・日大 吉井敏尅・東大 山科健一郎編

地 震 の 事 典（第2版）

16039-0 C3544　　A 5 判 676頁 本体23000円

東京大学地震研究所を中心として、地震に関するあらゆる知識を系統的に記述。神戸以降の最新のデータを含めた全面改訂。付録として16世紀以降の世界の主な地震と5世紀以降の日本の被害地震についてマグニチュード、震源、被害等も列記。〔内容〕地震の概観／地震観測と観測資料の処理／地震波と地球内部構造／変動する地球と地震分布／地震活動の性質／地震の発生機構／地震に伴う自然現象／地震による地盤振動と地震災害／地震の予知／外国の地震リスト／日本の地震リスト

前東大 岡田恒男・前京大 土岐憲三編

地 震 防 災 の 事 典

16035-2 C3544　　A 5 判 688頁 本体25000円

〔内容〕過去の地震に学ぶ／地震の起こり方（現代の地震観、プレート間・内地震、地震の予測）／地震災害の特徴（地震の揺れ方、地震と地盤・建築・土木構造物・ライフライン・火災・津波・人間行動）／都市の震災（都市化の進展と災害危険度、地震危険度の評価、発災直後の対応、都市の復旧と復興、社会・経済的影響）／地震災害の軽減に向けて（被害想定と震災シナリオ、地震情報と災害情報、構造物の耐震性向上、構造物の地震応答制御、地震に強い地域づくり）／付録

前東大 茂木清夫著

地 震 の は な し

10181-2 C3040　　　　A5判 160頁 本体2900円

地震予知連会長としての豊富な体験から最新の地震までを明快に解説。〔内容〕三宅島の噴火と巨大群発地震／西日本の大地震の続発(兵庫,鳥取,芸予)／地震予知の可能性／東海地震問題／首都圏の地震／世界の地震(トルコ,台湾,インド)

前東大 岡田恒男・前京大 土岐憲三編

地 震 防 災 の は な し
――都市直下地震に備える――

16047-5 C3044　　　　A5判 192頁 本体2900円

阪神淡路・新潟中越などを経て都市直下型地震は国民的関心事でもある。本書はそれらへの対策・対応を専門家が数式を一切使わず正確に伝える。〔内容〕地震が来る／どんな建物が地震に対して安全か／街と暮らしを守るために／防災の最前線

東工大 大野隆造編著　青木義次・大佛俊泰・
瀬尾和大・藤井　聡著
シリーズ〈都市地震工学〉7

地 震 と 人 間

26527-9 C3351　　　　B5判 128頁 本体3200円

都市の震災時に現れる様々な人間行動を分析し，被害を最小化するための予防対策を考察。〔内容〕震災の歴史的・地理的考察／特性と要因／情報とシステム／人間行動／リスク認知とコミュニケーション／安全対策／報道／地震時火災と避難行動

大野秀夫・久野　覚・堀越哲美・土川忠浩・
松原斎樹・伊藤尚寛著

快 適 環 境 の 科 学

60010-0 C3077　　　　A5判 200頁 本体3200円

快適性を生理，心理，文化の各側面から分析し，21世紀に向け快適性はどのように追求されるべきかを示した。〔内容〕快適について／快適の生理心理／快適のデザイン／地球環境時代はポストアメニティか／地球環境時代に求められる快適性

梁瀬度子・長沢由喜子・國嶋道子著
ピュア生活科学

住 環 境 科 学

60583-9 C3377　　　　B5判 176頁 本体3800円

"今"の住居学を知るための必携書。〔内容〕住まいとは／どこに住んできたか／どのように住んできたか／住まいはいま／どのように住まうか―住生活，環境，室内計画，地域生活とコミュニティ，住居の管理／地球環境と住まい―環境との共生

日本女大 後藤　久・日本女大 沖田富美子編著
シリーズ〈生活科学〉

住 居 学

60606-5 C3377　　　　A5判 200頁 本体2800円

住居学を学ぶにあたり，全体を幅広く理解するためのわかりやすい教科書。〔内容〕住居の歴史／生活と住居(住生活・経済・管理・防災と安全)／計画と設計(意匠)／環境と設備／構造安全／福祉環境(住宅問題・高齢社会・まちづくり)／他

前奈良女大 扇田　信編著
奈良女子大学家政学シリーズ

住 居 学 概 論

60545-7 C3377　　　　A5判 180頁 本体3200円

「住」のあり方が殊更問われる現代に家政を学ぶ全ての人が理解しておくべき事柄をやさしく解説し，さらに「住」を考える楽しみを与える教科書。〔内容〕人間と住居／住み方と間取り／住宅計画／室内デザイン／住み方の衛生と設備／住居管理

東京成徳大 海保博之監修　東大 唐沢かおり編
朝倉心理学講座7

社 会 心 理 学

52667-7 C3311　　　　A5判 200頁 本体3400円

社会心理学の代表的な研究領域について，その基礎と研究の動向を提示する。〔内容〕社会心理学の潮流／対人認知とステレオタイプ／社会的推論／自己／態度と態度変化／対人関係／援助・攻撃／社会的影響／集団過程／社会行動の起源

東京成徳大 海保博之監修
早大 佐古順彦・武蔵野大 小西啓史編
朝倉心理学講座12

環 境 心 理 学

52672-1 C3311　　　　A5判 208頁 本体3400円

人間と環境の相互関係を考察する環境心理学の基本概念およびその射程を提示。〔内容〕〈総論：環境と人間〉起源と展望／環境認知／環境評価・美学／空間行動／生態学的心理学／〈各論〉自然環境／住環境／教育環境／職場環境／環境問題

東京成徳大 海保博之監修　九大 古川久敬編
朝倉心理学講座13

産 業 ・ 組 織 心 理 学

52673-8 C3311　　　　A5判 208頁 本体3400円

産業組織内の個人・集団の心理と行動の特質について基本的知識と応用的示唆を提供する。〔内容〕採用と選抜／モチベーション／人事評価／人材育成／リーダーシップ／キャリアとストレス／マーケティング／安全と労働／社会的責任

◆ 新建築学シリーズ ◆
新しい建築学の体系をめざした新テキストシリーズ

鹿児島大 松村和雄・九大 河野昭彦・九大 前田潤滋著
新建築学シリーズ1
建築構造力学
26881-2 C3352　　B5判 208頁 本体4800円

現代に即した新テキストシリーズ〔内容〕構造と安全性／力の釣り合い／構造解析／応力と歪／断面力／部材の変形／仮想仕事／歪エネルギー／架構の解析／平面トラスの解析／はりの解析／平面ラーメンの解析／付録：マトリクス算法の基礎

河上嘉人・小山智幸・平居孝之・森永繁・椎葉大和・重藤和之・藤本一寿・村上聖他著
新建築学シリーズ4
建築材料・材料設計
26884-3 C3352　　B5判 216頁 本体4800円

〔内容〕建築材料通論／建築材料各論（ケイ素・カルシウム系, 金属系, 有機系, コンクリート）／建築機能材料設計（複合材料, 耐久・防火・防水・断熱・防湿・音響材料）／屋根材料（屋根, 外壁, 内装壁・床, 天井）／建築材料試験

横山浩一・西山紀光・西田勝・赤司泰義・椛嶋裕幸・後藤立夫・小南義彦・谷口比呂海他著
新建築学シリーズ8
建築設備計画
26888-1 C3352　　B5判 184頁 本体4300円

〔内容〕建築環境と設備計画（横山浩一）／建築設備の総合計画（西山紀光・西田勝）／空気調和設備（赤司泰義・椛嶋裕幸）／給排水・衛生設備（後藤立夫・大石剛）／電気設備（小南義彦）／先端技術と計画事例（谷口比呂海・村田泰郎）／各設計課題

萩島哲・佐藤誠治・菅原辰幸・大貝彰・外井哲志・出口敦・三島伸雄・岩尾纏他著
新建築学シリーズ10
都市計画
26890-4 C3352　　B5判 192頁 本体4600円

新編成の教科書構成で都市計画を詳述。〔内容〕歴史上の都市計画・デザイン／基本計画／土地利用計画／住環境整備／都市の再開発／交通計画／歩行者空間／環境計画／景観／都市モデル／都市の把握／都市とマルチメディア／将来展望／他

柏原士郎・田中直人・吉村英祐・横田隆司・阪田弘一・木多彩子・飯田匡・増田敬彦他著
建築デザインと環境計画
26629-0 C3052　　B5判 208頁 本体4800円

建築物をデザインするには安全・福祉・機能性・文化など環境との接点が課題となる。本書は大量の図・写真を示して読者に役立つ体系を提示。〔内容〕環境要素と建築のデザイン／省エネルギー／環境の管理／高齢者対策／環境工学の基礎

前工学院大 中島康孝・都市管理総合研 太田昌孝編著
地球環境時代の 建築マネジメント
26624-5 C3052　　A5判 160頁 本体3400円

建築・設備のマネジメント手法を解説した, 学生・実務者むけのテキスト。〔内容〕経営と建築マネジメント／ライフサイクルマネジメント／ファシリティマネジメント／ライフサイクルアセスメント／建築・設備の維持保全と診断／他

服部岑生・佐藤平・荒木兵一郎・水野一郎・戸部栄一・市原出・日色真帆・笠嶋泰著
シリーズ〈建築工学〉1
建築デザイン計画
26871-3 C3352　　B5判 216頁 本体4200円

建築計画を設計のための素養としてでなく, 設計の動機付けとなるように配慮。〔内容〕建築計画の状況／建築計画を始めるために／デザイン計画について考える／デザイン計画を進めるために／身近な建築／現代の建築設計／建築計画の研究／他

西川孝夫・北山和宏・藤田香織・隈澤文俊・荒川利治・山村一繁・小寺正孝著
シリーズ〈建築工学〉2
建築構造の力学
26872-0 C3352　　B5判 144頁 本体3200円

初めて構造力学を学ぶ学生のために, コンピュータの使用にも配慮し, やさしく, わかりやすく解説した教科書。〔内容〕力とつり合い／基本的な構造部材の応力／応力度とひずみ度／骨組の応力と変形／コンピュータによる構造解析／他

首都大 西川孝夫・明大 荒川利治・工学院大 久田嘉章・早大 曽田五月也・戸田建設 藤堂正喜著
シリーズ〈建築工学〉3
建築の振動
26873-7 C3352　　B5判 120頁 本体3200円

建築構造物の揺れの解析について, 具体的に, わかりやすく解説。〔内容〕振動解析の基礎／単純な1自由度系構造物の解析／複雑な構造物（多自由度系）の振動／地震応答解析／耐震設計の基礎／付録：シミュレーション・プログラムと解説

◆ 学生のための建築学シリーズ ◆

宇野英隆・近江栄・狩野芳一編集

前横国大 末永保美編著
学生のための建築学シリーズ
構　　造　　計　　画
26825-6　C3352　　　　　Ａ５判 320頁 本体5300円

建築物の骨格と性格を創り出すために重要な構造計画について詳細に解説した。〔内容〕概説／荷重／力の流れと応力／構造の種類と特徴／鉛直荷重および土圧・水圧に対する計画／水平荷重に対する計画／新耐震設計法の概要／各種構造の計画

中島康孝・紀谷文樹・仁平幸治著
学生のための建築学シリーズ
建　　築　　設　　備　（三訂版）
26838-6　C3352　　　　　Ａ５判 352頁 本体5000円

好評の旧版を最新の情報に基づき改訂。〔内容〕建築と建築設備／建築設備の基本計画／設備システムの計画／設備原論／冷暖房負荷／給水・給湯設備／排水・通気設備／特殊設備／電気設備／消火設備／輸送設備／地球環境と建築設備／他

日大 坂本守正・千葉工大 市川裕通・芝工大 塘　直樹・前九大 片山忠久・東工芸大 小林信行著
学生のための建築学シリーズ
環　　境　　工　　学　（四訂版）
26856-0　C3352　　　　　Ａ５判 216頁 本体3900円

好評の旧版を、法律の改正や地球環境問題への配慮など、最新の情報に基づいて書き改めたテキスト。多数の図・表・データを用いて、簡潔かつわかりやすく解説。〔内容〕気候／熱環境／伝熱／湿気／換気／音響／日照／採光・照明／色彩

◆ エース建築工学シリーズ ◆

教育的視点を重視し，平易に解説した大学ジュニア向けシリーズ

五十嵐定義・脇山廣三・中島茂壽・辻岡静雄著
エース建築工学シリーズ
エース　鉄　骨　構　造　学
26861-4　C3352　　　　　Ａ５判 208頁 本体3400円

鋼構造の技術を、根幹となる構造理論に加え、平易に解説。定番の教科書を時代に即して改訂。大学・短大・高専の学生に最適。〔内容〕荷重ならびに応力の算定／材料／許容応力度／接合法／引張材／圧縮材の座屈強さと許容圧縮応力度／他

前京大 松浦邦男・京大 高橋大弐著
エース建築工学シリーズ
エース　建　築　環　境　工　学　Ⅰ
—日照・光・音—
26862-1　C3352　　　　　Ａ５判 176頁 本体3200円

建築物内部の快適化を求めて体系的に解説。〔内容〕日照(太陽位置、遮蔽設計、他)／日射(直達日射、日照調整計画、他)／採光と照明(照度の計算、人工照明計画、他)／音環境・建築音響(吸音と遮音・音響材料、室内音響計画、他)

京大 鉾井修一・近大 池田哲朗・京工繊大 新田勝通著
エース建築工学シリーズ
エース　建　築　環　境　工　学　Ⅱ
—熱・湿気・換気—
26863-8　C3352　　　　　Ａ５判 248頁 本体3800円

Ⅰ巻を受けて体系的に解説。〔内容〕Ⅰ編：気象／Ⅱ編：熱(熱環境と温熱感、壁体を通しての熱移動と室温、他)／Ⅲ編：湿気(建物の熱・湿気変動、結露と結露対策、他)／Ⅳ編：換気(換気計算法、室内空気室の時間変化と空間変化、他)

京大 渡辺史夫・近大 窪田敏行著
エース建築工学シリーズ
エース　鉄筋コンクリート構造
26864-5　C3352　　　　　Ａ５判 136頁 本体2600円

教育経験をもとに簡潔コンパクトに述べた教科書。〔内容〕鉄筋コンクリート構造／材料／曲げおよび軸力に対する梁・柱断面の解析／付着とせん断に対する解析／柱・梁の終局変形／柱・梁接合部の解析／壁の解析／床スラブ／例題と解

前阪大 中塚　佶・日大 濱原正行・近大 村上雅英・秋田県大 飯島泰男著
エース建築工学シリーズ
エース　建　築　構　造　材　料　学
26865-2　C3352　　　　　Ａ５判 212頁 本体3200円

設計・施工に不可欠でありながら多種多様であるために理解しにくい建築材料を構造材料に絞り、構造との関連性を含めて簡潔に解説したテキスト〔内容〕Ⅰ編：建築の構造と材料学、Ⅱ編：主要な建築構造材料(コンクリート、鋼材、木質材料)

前東大 高橋鷹志・前東大 長澤　泰・東大 西出和彦編 シリーズ〈人間と建築〉1	建築・街・地域という物理的構築環境をより人間的な視点から見直し、建築・住居系学科のみならず環境学部系の学生も対象とした新趣向を提示する。〔内容〕人間と環境／人体のまわりのエコロジー（身体と座、空間知覚）／環境の知覚・認知・行動
環　境　と　空　間 26851-5　C3352　　　　　A5判 176頁 本体3800円	
前東大 高橋鷹志・前東大 長澤　泰・阪大 鈴木　毅編 シリーズ〈人間と建築〉2 **環　境　と　行　動** 26852-2　C3352　　　　　A5判 176頁 本体3200円	行動面から住環境を理解する。〔内容〕行動から環境を捉える視点（鈴木毅）／行動から読む住居（王青・古賀紀江・大月敏雄）／行動から読む環境（柳澤要・山下哲郎）／行動から読む地域（狩野徹・橘弘志・渡辺治・市岡綾子）
日本建築学会編 **人　間　環　境　学** ―よりよい環境デザインへ― 26011-3　C3052　　　　　B5判 148頁 本体3900円	建築、住居、デザイン系学生を主対象とした新時代の好指針〔内容〕人間環境学とは／環境デザインにおける人間的要因／環境評価／感覚、記憶／行動が作る空間／子供と高齢者／住まう環境／働く環境／学ぶ環境／癒される環境／都市の景観
東大 西村幸夫編著 **ま　ち　づ　く　り　学** ―アイディアから実現までのプロセス― 26632-0　C3052　　　　　B5判 128頁 本体2900円	単なる概念・事例の紹介ではなく、住民の視点に立ったモデルやプロセスを提示。〔内容〕まちづくりとは何か／枠組みと技法／まちづくり諸活動／まちづくり支援／公平性と透明性／行政・住民・専門家／マネジメント技法／サポートシステム
東大 神田　順・東大 佐藤宏之編 **東京の環境を考える** 26625-2　C3052　　　　　A5判 232頁 本体3400円	大都市東京を題材に、社会学、人文学、建築学、都市工学、土木工学の各分野から物理的・文化的環境を考察。新しい「環境学」の構築を試みる。〔内容〕先史時代の生活／都市空間の認知／交通／音環境／地震と台風／東京湾／変化する建築／他
京大 森本幸裕・日文研 白幡洋三郎編 **環　境　デ　ザ　イ　ン　学** ―ランドスケープの保全と創造― 18028-2　C3040　　　　　B5判 228頁 本体5200円	地球環境時代のランドスケープ概論。造園学、緑地計画、環境アセスメント等、多分野の知見を一冊にまとめたスタンダードとなる教科書。〔内容〕緑地の環境デザイン／庭園の系譜／癒しのランドスケープ／自然環境の保全と利用／緑化技術／他
環境デザイン研究会編 **環境をデザインする** 26623-8　C3070　　　　　B5判 208頁 本体5000円	より良い環境形成のためのデザイン。〔執筆者〕吉村元男／岩村和夫／竹原あき子／北原理雄／世古一穂／宮崎清／上山良子／杉山和雄／渡辺仁史／清水忠男／吉田紗栄子／村越愛策／面出薫／鳥越けい子／勝浦哲夫／仙田満／柘植喜治／武邑光裕
前奈良女大 梁瀬度子編 **健　康　と　住　ま　い** 63002-2　C3077　　　　　A5判 164頁 本体2900円	豊かで健康的な住まいづくりを解説。〔内容〕人・住まい・環境（環境と人間、住まいと温熱環境）／くらしと住まい（くつろぎの空間、くつろぎ空間のインテリア、食の空間、眠りの空間、子どもと住まい、高齢期の住まい、生活の国際化と住まい）
早大 中島義明・東工大 大野隆造編 人間行動学講座3 **す　ま　う**　―住行動の心理学― 52633-2　C3311　　　　　A5判 264頁 本体4800円	行動心理学の立場から人間の基本行動である住行動を体系化。〔内容〕空間体験の諸相／小空間に住む／室内に住む（視・音・熱環境のアメニティ）／集まって住む／街に住む／コミュニティに住む／非日常的環境での行動／子供と高齢者／近未来
前日本女大 長田真澄編 **現　代　の　生　活　経　済** 60018-6　C3077　　　　　A5判 216頁 本体3200円	世帯構造の激変に伴なう生活と経済の変動を読み解く。〔内容〕世帯構造と経済環境／地域間再分配政策／家計／中食市場と家族／介護／NPO活動／教育保障／教育制度／食生活／食生活指針と食教育／学校教育と家庭教育／地域社会の変化／他

上記価格（税別）は2008年1月現在